ÉTUDES

SUR LES

EAUX MINÉRALES

DE SIERCK

(CHLORO-SODIQUES BROMURÉES, FROIDES)

Par Eugène GRELLOIS, D. M. P.

Médecin Principal, Secrétaire du Conseil de santé des armées, Officier des ordres impériaux de la Légion-d'Honneur et du Medjidié (de Turquie), Membre de la Société d'hydrologie médicale de Paris, des Sociétés météorologique et géologique de France, de l'Académie Impériale de Metz, etc., etc.

PARIS

LIBRAIRIE DE Victor MASSON

Place de l'Ecole de Médecine.

METZ

Imprimerie de J. DELHALT, ROY et THOMAS, rue Juruc, 1

1859

ÉTUDES

SUR LES

EAUX MINÉRALES

DE SIERCK

(Chloro-sodiques bromurées, froides).

ÉTUDES

SUR LES

EAUX MINÉRALES

DE SIERCK

(CHLORO-SODIQUES BROMURÉES, FROIDES)

Par Eugène GRELLOIS, D. M. P.

Médecin Principal, Secrétaire du Conseil de santé des armées, Officier des
ordres impériaux de la Légion-d'Honneur et du Medjidié (de Turquie),
Membre de la Société d'hydrologie médicale de Paris, des Sociétés
météorologique et géologique de France, de l'Académie
Impériale de Metz, etc., etc.

PARIS

LIBRAIRIE DE Victor MASSON

Place de l'Ecole de Médecine.

METZ

Imprimerie de J. DELHALT, ROY et THOMAS, rue Jurue, 1

1859

ÉTUDES

SUR LES

EAUX CHLORO-SODIQUES BROMURÉES FROIDES

DE SIERCK.

SIERCK, État actuel et ancien.

Sierck, chef-lieu de canton de l'arrondissement de Thionville, département de la Moselle, est une gracieuse petite ville qui s'étage sur le flanc de deux collines et s'étend sur la rive droite de la Moselle, dans une vallée étroite que sillonne cette rivière du nord-est au sud-ouest. Sur la rive gauche, une troisième colline vient former une sorte de promontoire qui imprime, en amont de Sierck, une forte déviation au cours d'eau et le fait passer, du sud-est nord-ouest, à la direction que je viens d'indiquer.

Il est peu de sites plus riants que celui de cette ville ; quelque soit le point par lequel il pénètre dans la vallée, l'étranger ne peut qu'admirer cette profusion de rochers, d'arbres, de bosquets, de verdure, au milieu desquels la Moselle roule ses eaux silencieuses sur un lit de cailloux. Les deux collines sur lesquelles s'élève une partie de la ville, Rustroff et l'Altenberg, sont séparées entr'elles par un vallon dans lequel s'écoule le Montenach, le plus souvent ruisseau paisible, quelquefois torrent impétueux, qui vient, à Sierck même, mêler ses eaux à celles de la Moselle. Un vaste quai, bordé de jolies maisons, sépare la ville de la rivière. L'intérieur consiste en quelques rues étroites, mais propres et bien bâties.

La colline qui s'élève en face, le Stromberg, est couverte de vignes dont les produits sont estimés et méritent de l'être. Le chantre de la Moselle les a trouvés dignes de ses vers et n'a pas craint de les comparer aux vins les plus célèbres du monde.

Inducant aliam spectacula vitea pompam,
Sollicitentque vagos baccheïa munera visus :
Quà sublimis apex longo super ardua tractu
Et rupes et aprica jugi, flexusque, sinusque,
Vitibus assurgunt, naturalique theatro
Gauranum sic alma jugum vindemia vestit,
Et Rodopen, proprioque nitent Pangœa Lyœo.

Sic viret Ismarius super œquora Thracia collis ;
Sic mea flaventem pingunt vineta Garumnam.
Summis quippe jugis tendentis in ultima clivi ,
Conseritur viridi fluvialis margo Lyœo.

(*Ausone, Idylle X, vers.* 152 *à* 163.) [1]

Sierck, dont la population s'élève à 2,194 habitants , n'est qu'à 2 kilomètres de la frontière prussienne, à 18 de Thionville , à 46 de Metz , à 32 de Luxembourg , à 48 de Trèves.

Il est traversé par la route impériale qui relie les deux premières villes à la dernière. Tout le pays est percé de belles routes communales et de voies de grande communication. Deux voitures publiques ,

---

1 Voici comment M. Des Rives a interprêté les vers du poëte latin :

> Ailleurs d'autres tableaux appellent nos regards.
> La vigne en longs festons s'étend de toutes parts :
> Du pampre couronnant la crète des montagnes ,
> Elle suit leur contour, descend dans les campagnes.
> Tels se montrent ornés des présents de Bacchus,
> Le Rhodope fameux et les flancs du Gaurus.
> Tel brille le Pangée, et telle est ta parure,
> Ismarus dont la mer réfléchit la verdure.
> Dans la blonde Garonne ainsi vous vous mirez ,
> Mes vignobles, si fiers de vos raisins dorés.
> Le vermeil Lyœus partout , sur ce rivage ,
> A force de bienfaits veut régner sans partage ;
> Courant des bords du fleuve aux sommets les plus hauts,
> En semant ses trésors, il gravit les côteaux.   .
>
> (*Mém. de l'Acad. Impér de Metz,* 1855, *t.* II, *page* 552.)

partant matin et soir, mettent en relation journalière Sierck et Thionville, et correspondent avec le chemin de fer qui transporte directement de cette dernière ville à Paris.

Le commerce et l'industrie sont peu développés à Sierck et dans les environs; c'est un canton surtout agricole. Cependant on vient d'y établir une vaste faïencerie, et les tanneries qu'alimente le Montenach donnent des produits renommés. Les pavés de quart-zites, qu'on extrait de l'Altenberg, occupent une quarantaine d'ouvriers, et s'expédient à Thionville, Metz, Nancy et Toul. Des expériences qui promettent un heureux résultat viennent d'être faites à Paris, où l'on espère utiliser, dans le macadam, l'extrême dureté de ces roches ignées.

Le collége, dirigé par des ecclésiastiques, sous le patronage de l'Évêque de Metz, occupe une délicieuse position sur l'un des contreforts de l'Altenberg, dans un ancien couvent de Récollets. Sur la colline de Rustroff existe un pensionnat de jeunes filles, en grande faveur dans le pays; il est dirigé par des Sœurs de Sainte-Chrétienne, dont la fondatrice de l'ordre était originaire de Sierck.

Cette ville est la résidence d'une justice de paix, d'un bureau d'enregistrement, d'un bureau principal des douanes (qui était l'un des plus importants bureaux de terre de France avant l'établissement des chemins de fer), d'un bureau de bienfaisance, d'une

poste aux lettres et aux chevaux, et d'une brigade
de gendarmerie.

On s'accorde à reconnaître à Sierck une haute an-
tiquité, et sa position, qui commande le cours de la
Moselle, doit lui avoir valu quelqu'importance sous
la domination Romaine, dont on trouve encore de
nombreux vestiges. C'est l'ancien *circum*, nom que
cette ville devait à sa position semi-circulaire, et,
sans aucun doute, César en fait mention lorsqu'il cite
une place forte située sur la rive droite de la Moselle,
entre *Divodurum* et *Triviris*.

Plus tard, Sierck fit successivement partie du
domaine des rois d'Austrasie, des archevêques de
Trèves, des évêques de Metz et des ducs de Lorraine.

On remarque encore les traces d'anciennes portes
de la ville, qui lui assignent une étendue bien plus
considérable que celle qu'elle occupe aujourd'hui.
Longtemps elle fut entourée de tours et de murs,
successivement détruits et relevés, suivant les chances
de la guerre : sur le flanc de l'Altenberg s'élève
un château qui domine la ville et la vallée, dont
les ruines attestent l'importance et qui fut, jusqu'en
1842, considéré comme poste militaire. Ce château
était de haut domaine ; les ducs Jean et Charles de
Lorraine y ont séjourné et y avaient établi un atelier
monétaire ; on trouve des pièces frappées à Sierck
de 1346 à 1461.

Sur le sommet de cette montagne on voit encore

les retranchements élevés par le maréchal de Villers
. pour défendre le château contre Malborough, dont le
quartier général était au château de Meinsberg, à 3
kilomètres de la ville, et qui, depuis, a conservé le
nom vulgaire de château de Malborough.

Sierck donna naissance à une maison puissante et
illustre, qui avait adopté pour chef-lieu et résidence
ce même Meinsberg, château flanqué de quatre
grosses tours et encore habité de nos jours. Cette
famille était alliée à toutes les grandes maisons du
pays et a fourni des archevêques de Trêves, des
abbés, des commandeurs de Saint-Jean de Jérusalem.
Elle paraît s'être éteinte vers 1530.

Sierck et la maison de ce nom *portaient d'or, à
la bande de gueule, chargée de trois coquilles
d'argent.*

Cette ville a été maintes fois le théâtre de la guerre,
et les nombreuses commotions politiques qui ont agité
le nord-est de la France y ont douloureusement re-
tenti. La vallée qu'elle occupe a toujours été l'une
des grandes routes de l'invasion, de quelque point
que partît celle-ci, vers quelque but qu'elle se di-
rigeât. Une conséquence naturelle de ces fréquentes
invasions est une substitution incessante de nouveaux
habitants aux habitants primitifs du sol et la dispa-
rition presque totale de mœurs propres et d'usages
locaux. La population de Sierck est bienveillante,
mais dépourvue d'originalité. La jeunesse se destine

généralement à la carrière des armes, ou au service de la douane, qui lui offre un débouché facile.

Cependant, une coutume singulière a survécu aux révolutions et aux efforts du temps; elle est assez remarquable pour être signalée. Du sommet du Stromberg, en face de Sierck, tous les ans depuis un temps immémorial, le soir de la veille de saint Jean (24 juin), les habitants du village de Basse-Kontz font partir une roue enflammée qui doit descendre jusqu'à une fontaine sise à mi-côte. Cette sorte de fête se fait en cérémonie; à neuf heures du soir la ville de Sierck tire trois coups de canon pour donner le signal, et, au même instant, des feux s'allument sur le sommet de la côte. Le maire, le conseil municipal et les jeunes gens de Basse-Kontz préparent la roue à laquelle le maire doit mettre le feu. Dès qu'elle est allumée, deux ou un plus grand nombre d'hommes la conduisent, au moyen d'une longue perche qui la traverse; tandis que la roue descend et pendant tout le reste de la soirée les jeunes gens munis de perches font sauter à une certaine hauteur des paquets de paille enflammée, ce qui produit l'effet de nombreuses fusées et présente à l'œil un spectacle assez agréable. Il est d'usage que si la roue descend plus bas que la fontaine, la ville de Sierck doit un tribut de deux hottes [1] de vin au village de

---

1 La hotte est une mesure locale qui correspond à 40 litres, deux hottes et demie forment donc un hectolitre.

Basse-Kontz ; si, au contraire, la roue s'éteint avant d'arriver au but, le village est obligé de donner un panier de cerises à la ville., (Extrait d'un mémoire autographié de feu le docteur Fristo, destiné à sa bibliothèque et appartenant aujourd'hui à M. Edm. Renault).

On n'est point d'accord sur l'origine de cette coutume.

CLIMAT.

Le climat de Sierck n'est pas connu par des observations météorologiques qui puissent inspirer une sérieuse confiance, quoique le docteur Fristo annonce avoir une série complète de 15 ans. Je ne connais de ce travail, s'il existe, que l'année 1835, dont l'auteur résume ainsi les conditions atmosphériques :

Thermomètre $\begin{cases} \text{plus haut} + 27° \text{R} (35° 75^c) \text{ le 18 Juillet.} \\ \text{plus bas} \quad - 10° \text{R} (-12°50) \text{ 27 Décembre} \\ \text{moyenne} + 12° \text{R} (15° 00^c) \end{cases}$

Baromètre.. $\begin{cases} \text{plus haut.....} \quad 765^{mm} \\ \text{plus bas......} \quad 719 \text{ » } 10 \text{ octobre.} \\ \text{moyenne .....} \quad 750 \text{ »} \end{cases}$

Vents ......
Ouest................ 37 fois.
Est................... 97 »
Nord................. 67 »
Sud.................. 156 »
Sud-est .... 3 »
Nord-est............. 5 »

Beaux 193
Couverts 115
Pluie................... 49   } 365
Neige................... 8

Brouillard............... 35
Tonnerre 22
Ouragan................. 31
Pluie partielle........... 98
Grêle 2
Trombe 1

« D'après les tableaux météorologiques que je viens de tracer et que j'ai comparés avec plusieurs années, on voit que sous le climat de Sierck la température moyenne est de 12 à 15° R. (15° à 18° 75°); que le point le plus élevé que le thermomètre ait marqué a été de 27 à 28° R. (33° 75° à 35°) et qu'il descend ordinairement jusqu'à — 10 et — 15° R. (— 12° 50 à — 18° 75°), d'où il suit que la température est assez modérée, quoiqu'assez souvent elle soit rendue plus âpre par la constance des vents d'Est et de Nord qui soufflent longtemps et avec force. Cependant, ce ne sont pas ces vents qui régnent le plus fréquemment, c'est surtout celui du sud, qui vient nous apporter les plus grandes chaleurs et les violents orages qui éclatent souvent au-dessus de nous, tandis que le vent d'ouest, qui souffle aussi fort souvent, nous donne de grandes et constantes pluies qui inondent nos vallées. Les variations barométriques sont très-fréquentes et, année commune, le mercure monte ici jusqu'à 765^{mm} et ne descend guère que jusqu'à 724^{mm}. Notre climat doit donc être regardé comme fort tempéré sous tous les rapports atmosphériques, et propre à l'entretien de la santé; aussi, les maladies y sont-elles assez rares, en général, et consistent surtout en phlegmasies des organes pulmonaires et digestifs, plutôt produites par l'intempérance des habitants que par les vicissitudes atmosphériques (la basse classe de la ville et des campagnes est fortement adonnée à l'ivrognerie). Quant aux maladies chroniques elles sont en grand nombre et consistent, pour la plupart, en affections du foie, de l'estomac et des intestins, et surtout en des scrofules, qui sont endémiques dans plusieurs quartiers de notre ville et dans certains villages, bas, humides, pauvres et sales. »

Ce résumé semble plutôt être une indication des

conditions habituelles de l'atmosphère que de celles de l'année 1835 en particulier ; cependant, il nous est impossible de l'accepter sans contrôle. Les extrèmes de température sont probablement vraies, mais la moyenne est évidemment forcée, et je ne sais par quel procédé l'auteur peut l'avoir obtenue. Que l'on songe donc que 15° font une température moyenne supérieure à celle de Marseille ou de Constantinople ! Mais M. Fristo donne aussi les chiffres de température par mois, réduits à la graduation centigrade :

	max.	min.	moy.	
Janvier.....	10 00	— 5 00	6 25	
Février.....	11 25	0 00	6 25	
Mars.......	18 75	5 75	8 75	
Avril.......	18 75	7 50	10 00	
Mai........	22 50	8 75	15 00	
Juin.......	52 75	11 25	20 00	moyenne
Juillet......	55 75	20 00	28 75	11 9
Août.......	52 50	20 00	22 50	
Septembre ..	26 25	12 50	15 00	
Octobre.....	17 50	6 25	11 25	
Novembre ..	10 00	— 11 25	6 25	
Décembre...	12 50	— 12 50	6 25	

Nous voyons que cette moyenne se rapproche plus de la véritable que celle que donne l'auteur dans son résumé ; cependant elle est encore beaucoup trop élevée.

Mais la température de Sierck ne doit pas différer bien notablement de celle de Metz, car la faible différence de latitude entre ces deux villes doit être bien compensée par les hauteurs qui protègent la première. Or, nous trouvons à Metz, en 1835, une température moyenne de 9°61, qui représente, à un dixième de degré près, la moyenne habituelle, et dans la moyenne de chaque mois, nous voyons avec Sierck des différences telles que nous ne pouvons nous défendre de considérer comme entièrement fausses les observations faites à cette station.

En voici la preuve :   A Metz en 1835,

Janvier	0	1	Juillet	20	4
Février	4	2	Août	18	1
Mars	4	8	Septembre	15	7
Avril	8	5	Octobre	9	2
Mai	14	2	Novembre	1	8
Juin	17	9	Décembre	0	4

Nous n'acceptons donc ces observations que comme simples renseignements qui peuvent avoir quelque valeur approximative pour les extrêmes, voilà tout. — Nous appelons de nos vœux la reprise de ces recherches météorologiques, en faisant observer qu'il importe surtout d'avoir les températures extrêmes de chaque jour, et que, pour l'objet qui nous intéresse en ce moment, on pourrait se borner à l'observation des mois qui constituent la saison des bains.

RESSOURCES ALIMENTAIRES.

La vie, à Sierck, est facile et à bon marché. — Pendant la saison de la chasse le gibier abonde ; la Moselle fournit d'excellents poissons, qui faisaient l'admiration d'Ausone. — Les fruits et les légumes sont bons et variés. Enfin la facilité des communications et le voisinage des grandes villes, permettent aux hôtels de s'approvisionner de tous les objets qui n'appartiennent point en propre à la localité.

Les vins du pays sont estimés, ainsi que je l'ai déjà dit ; on recherche surtout les vins de Kontz. — Sous ce rapport, Sierck jouit d'une incontestable supériorité sur Mondorff, où les vins sont détestables et d'un prix excessif.

EAUX POTABLES.

La ville de Sierck est bien pourvue d'eaux potables ; elle possède quatre fontaines publiques et un grand nombre de puits dans les maisons particulières.

La première fontaine est située près de la place du marché. Ses eaux arrivent d'une colline voisine, traversent les quartzites, et se rendent, par des conduits en bois, dans un réservoir soigneusement entretenu. Elles sont limpides, agréables au goût et remplissent toutes les conditions d'une bonne eau potable.

La seconde est hors de la ville : elle est bonne. La troisième est celle du château, à peu de distance de la précédente. On lui attribue de mauvaises qualités qui seraient dues aux conduits en plomb qui amènent l'eau à son réservoir.

La quatrième, située sur une place, près de la Moselle, résulte de la réunion de plusieurs sources dont on amène les eaux en ville par des conduits en pierre. Elles coulent pendant quelque temps sur une terre argileuse qui leur communique une couleur d'un blanc opaque et bleuâtre et un goût fade fort désagréable. A la suite des pluies, elles entraînent des particules terreuses rougeâtres et deviennent plus désagréables encore. Cependant plusieurs personnes font usage de cette eau sans en être incommodées.

Au collége (ancien couvent des Récollets) existe une vaste citerne, mais elle est mal entretenue, et les eaux y contractent une odeur hydrosulfureuse. Elle sert aux usages économiques, mais pas à la boisson.

Les puits des maisons particulières sont tous creusés dans le roc, à une plus ou moins grande profondeur. En général cette eau n'est pas bonne, elle est souvent trouble, a quelquefois une odeur hydrosulfureuse, et, suivant M. Fristo, cause des coliques, même dans les puits nouvellement creusés. Plusieurs de ces puits donnent une eau rougeâtre fortement salée. Dans l'eau d'une pompe de la ville, j'ai trouvé 44 centigrammes de matières solubles par litre.

DISTRACTIONS, PROMENADES.

Il est un point bien important à examiner dans l'établissement d'une station hydro-minérale, ce sont les distractions, les plaisirs qu'on peut y rencontrer, et les sites, intéressants à divers titres, qui peuvent être le but d'explorations.

Nous ne pouvons, évidemment, parler ici que des distractions données par la nature du lieu ; l'art n'intervient pour augmenter la somme des plaisirs, qu'en proportion de l'importance qu'acquiert un établissement. — Parmi les distractions auxquelles on peut dès à présent recourir, citons, en première ligne, les promenades en nacelle, plaisir auquel l'arrivée des étrangers ne manquera pas de donner une grande extension, pour explorer quelques sites ravissants qui bordent la Moselle. Les bains de rivière et la natation pourront être permis à quelques malades, mais surtout aux personnes valides qui les accompagnent. La Moselle est parfaitement propre à ce genre d'exercice.

Mais dans un rayon peu étendu autour de Sierck, on peut faire quelques excursions d'un haut intérêt, et dignes de toute l'attention des étrangers.

EXCURSIONS

AUX ENVIRONS DE SIERCK. 1

—

« Vous me demandez un croquis de nos environs. Passez, en imagination, votre bras sous le mien, et avant de vous appuyer de l'autre sur la classique canne de voyage, pendant que vous allumerez un cigarre, écoutez le petit exorde de votre cicérone :

Les environs de Sierck, par leur position toute exceptionnelle, semblent avoir été privilégiés par la nature pour exciter à la promenade. Quelle que soit la porte par laquelle vous sortez de la ville, le paysage, différent dans son aspect, offre à tout instant des

1 J'avais prié M. Edmond Renault de me fournir quelques notes sur les points des environs de Sierck qui peuvent attirer l'attention des étrangers et servir de but d'excursion Je ne puis mieux faire que de reproduire textuellement la lettre qu'il m'a adressée.

sites pittoresques et nouveaux d'où l'œil se repose agréablement sur une campagne luxuriante.

Nous voici à la porte des Moulins, qui fait face à la vallée de Montenach, où le Créateur a, pour ainsi dire, fait tous les frais d'un jardin anglais, sauf les allées sablées, les kiosques chinois et les chalets suisses, que remplacent avantageusement, à mon avis, des rochers aux formes les plus variées et le château de Sierck qui lui sert de belvédère. — Ici s'ouvre la route de grande communication de Sierck à Bouzonville. Mais au lieu de suivre la symétrie de ses contours, élançons-nous, si vous le voulez, dans un de ces sentiers tracés par les chèvres, au nord de ce joli ruisseau au cours pacifique, qui active les moulins de Sierck et ses tanneries. Regardons en passant le dôme de verdure que forment, en s'entre-laçant au-dessus de nos têtes, les saules au feuillage argenté et les arbres fruitiers de toutes les variétés, que nous côtoyons.

Voici les ruines de l'abbaye de Marienflos, que dominent, à perte de vue, des rochers de quartzites aussi pittoresques dans leur aspect, que bizarres dans leur forme géologique. Voyez comme leur exploitation industrielle anime le fond de notre tableau ! L'Altenberg et ses sept satellites, qui nous masquent l'horizon, demanderaient fort peu à l'art pour en faire des lieux de rendez-vous délicieux !

Évitons les quatre moulins que nous avons devant

nous, car les aboiements des chiens qui les gardent n'ont rien de rassurant pour l'intégrité de nos mollets, et arrivons à Mondenach, dont le nom dériverait, d'après une étymologie germanique (un peu complaisante à mon avis), de Monas-acht (huit montagnes), par allusion sans doute aux huit collines qui l'encaissent. Ce village doit sa célébrité à un pélerinage qui, le jour de la saint Cyriaque, y attire des points les plus éloignés, des milliers de personnes de tous sexes et de tous âges. Rien d'amusant comme de voir, par une belle matinée de printemps, tous ces pélerins se dérouler comme un long ruban aux nuances diaprées, sur le flanc des montagnes voisines, et gravir ensuite processionnellement le sommet de la *Clausse*, où s'élève la chapelle contenant les reliques du saint dont ils viennent invoquer l'intercession.

Abrégeons notre retour à Sierck, franchissons aussi un des sentiers abruptes de l'Altenberg, laissons à notre gauche la ferme de Kœnisgsberg, autrefois tributaire de la chartreuse de Rettel, et arrivons, par la déclivité de la côte, à la porte Renport (ou porte de Thionville).

Ici se bifurque, près des magasins de la douane, avec la route impériale de Metz à Trèves, le chemin vicinal de Rettel. Je n'aime pas les voies géométriques : longeons donc, s'il vous plaît, les bords de la Moselle, et allons visiter les ruines de la chartreuse de Rettel, si célèbre avant la révolution de 89 et dont les épaves devaient faire la fortune d'aventureux acquéreurs.

Hélas ! rien de ce qui faisait la splendeur de sa magnifique basilique, de son cloître, ne reste debout ! Le vandalisme commercial a tout démoli, et ses débris épars marquent à peine l'emplacement qu'elle occupait.

Reportons plus agréablement nos regards sur Kontz-Haute et Kontz-Basse, jetés en face de nous, comme des celliers, sur le versant méridional du Stromberg, qui en préparant leurs feux de la saint Jean, paraissent attendre, au milieu de leurs vignes, la récolte qu'il plaira à la providence de leur envoyer.

Plus haut, Bergh, autre succursale de Rettel, du haut de son manoir, semble épier encore les ordres de son seigneur spirituel et temporel. Malling, Gavisse, Cattenom, chef-lieu de canton, qu'avoisine le fort de Rodemack, sont autant d'étappes qui sillonnent la Moselle jusqu'à Thionville, dont je vous abandonne la description.

Je vous avoue, en sortant par la porte de Trèves, mon embarras sur le choix de notre route. Laissonsnous, si vous le voulez, mollement balotter dans une nacelle, sous l'impulsion de deux vigoureux rameurs et abandonnons-nous au cours de la Moselle.

Voici, sur la rive gauche, le hameau de Rudling, annexe de Sierck ; Schengen, premier village luxembourgeois, où sourd, dans les galets de la rivière, une source minérale naturelle qui a de grandes analogies avec la nôtre. Besch, village prussien sur la rive droite, où un sondage artésien amena, il y a quelques années, le jaillissement d'une eau semblable à celle de Mondorff (dit-on), mais qui s'est perdue dans des circonstances encore enveloppées de mystère.

Vous voyez qu'on abrége les distances dans notre pays ! Je viens déjà de vous faire visiter deux royaumes et un grand-duché, ce serait assez pour faire tourner la tète à un parisien !... Encore quelques coups d'aviron, et après avoir doublé deux îles boisées, les seules dont s'enorgueillisse la Moselle, nous arrivons à la petite ville de Rémich, d'où l'on découvre, dans un lointain horizon, quatre châteaux seigneuriaux dans un bon état de conservation ; et au milieu d'eux, comme un joyau oublié par la domination romaine, la magnifique mosaïque de Nennig, récemment découverte, dont les dimensions, le dessin et le coloris font l'admiration des archéologues.

Continuons vers Trèves, la vieille ville par excellence ! (Treviris stetit ante Romam). Cotoyons Veudrange, Wormeldange, ces clos de Vougeaux de la piquette luxembourgeoise ; laissons, dans les brumes de la Moselle, Ehnen, Grevenmacker, et arrêtons-nous un instant à Igel, pour déchiffrer les hiéroglyphes de la fameuse colonne taillée dans le grés bigarré (le même qui sert de lit à nos eaux), et qu'on suppose être le mausolée d'un général d'une des légions de

Constantin. Je n'ai pas la prétention de vous servir de Cicérone à Trèves, je vous renvoie à des autorités plus compétentes.

Faisons succéder le cahot du voiturier au balancement de notre barque, saluons en passant le pont romain, sur la Moselle, le palais de Constantin, les Thermes, la Porta-nigra, le Dôme, la Karthaus, etc., et arrivons à Sarrebourg, que couronne, comme Sierck, un fortin qui, sur son socle de roches schisteuses, brave les ravages du temps. Entendez-vous ce bruit sourd qui frappe nos oreilles? c'est la chute du ruisseau la Leuck qui, en alimentant plusieurs moulins sur son passage, vient au milieu de la ville précipiter avec fracas ses larges nappes d'eau sur des rochers de près de 100 pieds d'élévation, d'où elles s'élancent écumantes, de cascades en cascades, dans le gouffre béant qui les attend.

Escaladons, à l'est, un sentier tout émaillé de bruyères et de genêts; serpentons au milieu de pins, de bouleaux et de hêtres séculaires, et arrivons tout haletants à Castel, véritable aire !

A ses pieds, la Sarre roule ses flots capricieux dans une étroite vallée toute parsemée de roches moussues; au-dessus, un ermitage jeté hardiment sur le gouffre, recèle les restes de Jean de Luxembourg, dit l'Aveugle, roi de Bohème, qui, après de nombreuses pérégrinations, fut conservé comme une relique pendant nos tourmentes révolutionnaires par la famille Boch, de Sept-Fontaines, et trouva pour dernier asile, sous la protection du roi de Prusse actuel, un refuge dans cette contrée sauvage.

Abandonnons le héros de Crécy, n'attristons pas notre pèlerinage par des réflexions philosophiques sur le néant des grandeurs humaines, et remontons les rives de la Sarre, ces belles miniatures des bords du Rhin.

Il faudrait une plume plus éloquente que la mienne pour peindre ce tableau ! Un artiste aurait de la peine à choisir son canevas ! Ici des montagnes à pic, hérissées de rochers blanchâtres qui, en prenant les formes les plus fántastiques, se perdent au milieu de chênes gigantesques ; là, des ruines d'anciens castels, perchées sur des rocs de granit, disparaissent sous le lierre et les ronces qui leur servent de sépulture.

Enfin un paysage succède à l'autre, un point de vue est remplacé par un plus attrayant.... Le majestueux silence de cette solitude est à peine troublé par la fuite d'un chevreuil ou d'un cerf, seuls survivants de ces domaines féodaux.

L'imagination s'exalte à ce spectacle grandiose d'une nature presque vierge, et le cœur se serre au milieu de tant de ruines qui attestent l'impitoyable ravage du temps sur les monuments des hommes !

Une courbe de la Sarre nous découvre tout à coup Metlach, à son tour doté d'un chemin de fer qui le relie à Trèves et à Sarrebruck.

Au calme et au recueillement du cloître, cet ancien et célèbre monastère voit succéder le bruit et l'activité de l'industrie. Acceptons l'affable hospitalité de ses hôtes actuels, et venez admirer avec moi les magnifiques produits que sa fayencerie expédie dans toute l'Allemagne et dont nous prive notre *protection* douanière.

Voyez ces mosaïques, imitant le luxe et le coloris des anciennes, qui n'étaient que la propriété des empereurs, et devenues aujourd'hui accessibles aux bourses les plus modestes. Admirez ces vases, ces urnes aux formes variées, aux couleurs brillantes ; d'informes cailloux broyés par des machines puissantes en fournissent la matière première qui, sous la main habile de l'ouvrier que dirige le goût du maître, se transforme en autant de petits chefs-d'œuvre. Bernard Palissy eut envié, avant ses laborieuses découvertes, la finesse des couleurs et la solidité des émaux de ces services de table, etc. Mais hélas ! faites taire le désir si naturel de vous approprier d'aussi jolis souvenirs de notre voyage, songez que nous avons une ligne de douane à franchir pour rentrer à Sierck.

Laissons à notre gauche Mertzig, Sarrelouis, cette jolie bonbonnière dans laquelle bouillonne tant de sang français, et visitons les restes du château féodal de Montclair ou Montclar, qui, ne se contentant pas de toutes les illustrations auxquelles il a servi de séjour, prétend aussi au fameux saut du prince Jean, et conserve sur la roche escarpée qui lui sert pour ainsi dire de piédestal, les empreintes apocryphes des fers du cheval de ce chevalier aventureux.

Abandonnons encore ce cadavre aux archéologues! Gravissons la dernière montagne de la Sarre, jetons, au travers du crépuscule, un regard sur le vieux manoir de Freidenbourg, et dirigeons-nous, avant que la nuit ne nous surprenne, par Orscholtz et Tunstorff, vers le château de Meinsberg (montagne de Mayence, toujours d'après un étymologiste germain) dont l'origine se perd dans les ténèbres du temps et dans l'obscurité des légendes, et qui, à une époque plus moderne, grâce aux joûtes stratégiques du Maréchal de Villars avec son antagoniste anglais, a pris le nom de Malborough. N'allez pas fredonner le refrain de la chanson populaire, de peur d'éveiller les chevaliers qui forment la garde du propriétaire actuel du château.

La nuit est déjà bien sombre pour suivre les festons du ruisseau de Manderen, je renonce donc à vous faire voir sa source qui jaillit comme un torrent du milieu d'un rocher; remettons à un autre jour à venir pêcher les truites qui fuient notre approche, et gagnons notre gîte, car si vous n'êtes pas satisfait de notre excursion, vous devez au moins en être fatigué.

Demain, si vos jambes ne vous refusent pas leur service, je vous proposerai de traverser la Moselle et d'aller demander à dîner à notre rivale Mondorff. Si vous êtes connaisseur en fortifications et désireux de voir les compatriotes de Blücker, mélangés aux sujets grands-ducaux du roi de Hollande , nous pousserons jusqu'à Luxembourg pour admirer un des chefs-d'œuvre de notre immortel Vauban. Nous reviendrons par Dalheim , et après avoir visité le camp de César qui se trouve aux abords de ce village , nous irons prier le brave et intelligent curé du lieu de nous montrer toutes les richesses qu'il a retirées des fouilles opérées sur ces catacombes romaines.

J'allais vous ouvrir tout mon portefeuille, mais je ne commettrai pas cette imprudence........ Je finirai par une péroraison , puisque j'ai eu la prétention de commencer par un exorde.... Je vous réserve encore d'autres surprises, je ne vous les décrirai pas....... Je veux vous laisser l'aiguillon de la curiosité. »

ALTITUDE

DES POINTS ENVIRONNANTS.

Voici, d'après M. l'Ingénieur des mines Jacquot, les altitudes des points saillants qui avoisinent Sierck, en admettant que la Moselle est elle-même à 150^m au-dessus de la mer.

HAUTEURS

	Au-dessus du niveau de la mer.	Au-dessus de la Moselle.
La fourrière au-dessus de Mersch-weiler...............................	433^m	283^m
Arbre signalé de Kirch-lès-Sierck.	367	217
Côte au-dessus de Rustroff......	353	203
L'Altenberg, au sud de Sierck ...	341	191
Le Stromberg, en face de la ville.	311	161

SITUATION GÉOLOGIQUE.

Un aperçu des principales dispositions géologiques de la contrée, entre Sierck et Mondorff, est indispensable pour se rendre compte de l'existence, de la situation et de la minéralisation des eaux qui vont nous occuper.

La source minérale de Mondorff est le résultat d'un forage commencé le 17 juin 1841, et terminé le 16 juin 1846. Cette opération avait pour but de rechercher du sel gemme, dont les terrains triasiques de la Lorraine offrent de si riches dépôts, et qu'on espérait retrouver jusques-là. On ne rencontra point de sel gemme, mais on trouva une source saline abondante, et cette découverte imprévue ne fut pas moins précieuse.

La sonde avait traversé les couches inférieures du lias, les marnes et les grès du Keuper, tout le Muschelkalk, et, à la profondeur de 460^m, elle était tombée sur une nappe d'eau minérale peu abondante dans des sables intercalés au milieu de couches de grès bigarré. Le forage fut continué, et à 502^m on trouva, dans les mêmes conditions géologiques, une seconde nappe beaucoup plus abondante que la première. Le journal des opérations dit, en effet, que de 449^m 48 à 518^m 41, la sonde traversait des grès rouges avec couches de sable intercalées, appartenant à la formation du grès bigarré. Le muschelkalk avait cessé d'apparaître à une profondeur de 397^m 42 ; il n'y a donc pas de doute possible, la nappe d'eau appartenait réellement aux grès bigarrés et nullement au muschelkalk, puisqu'elle a été rencontrée à 52^m 06 plus bas que cette formation. Le forage s'étendit jusqu'à une profondeur totale de 730^m, et atteignit les quartzites de transition sur lesquels reposent les différents terrains de la mer triasique. On ne trouva plus de nouvelle veine liquide pendant les 228 mètres inférieurs à la nappe jaillissante.

A Sierck, ou plutôt sur la rive gauche de la Moselle qui s'étend en face de cette ville, nous trouvons des dispositions géologiques qui se rapprochent beaucoup des précédentes ; seulement le sol accuse de violentes commotions, les couches sédimentaires sont tourmentées, contournées et souvent relevées dans des directions divergentes, ainsi qu'il résulte des études attentives de M. l'ingénieur Jacquot.

Le Stromberg, qui s'élève vis-à-vis Sierck et forme, du nord au sud, une sorte de promontoire qui dévie fortement le cours de la Moselle, présente la succession des terrains que nous venons de trouver dans le sondage de Mondorff, et n'en est que la continuité. Au sommet, ce sont les dernières couches du lias inférieur; puis du muschelkalk, du grès bigarré, qui forment la plus grande masse de la montagne, et quelques lambeaux de terrain de transition détachés du Hundsruck. Au pied du Muschelkalk, entre cette formation et le grès bigarré, existent des glaises gypseuses qui atteignent un développement de plus de 20 mètres. C'est de ces glaises, qui forment l'étage inférieur du Muschelkalk, que sort la source minérale qui nous occupe. Le doute n'est donc point permis sur cette origine, puisqu'on trouve symétriquement disposées sur les deux rives de la Moselle, quatre sources de même nature (les trois autres sont peu importantes), sur les points où cette couche, dans ses inflexions, vient affleurer près du lit de la rivière. [1]

1 En amont de Sierck, celle de la rive droite est un peu au-dessus du village de Rettel ; celle de la rive gauche, la seule qui nous occupe, en face du bac de Basse-Kontz. En aval, sur la rive gauche, près du village luxembourgeois de Schengen, et sur la rive droite, près d'Apach. La source de Rettel a été analysée par M. Langlois ; son travail est consigné dans l'Annuaire des eaux de la France.

Il est donc bien démontré que la source de Mondorff coule à travers les sables du grès bigarré, tandis que celle de Sierck sort des marnes intérieures du Muschelkalk. Il me semble donc bien difficile d'admettre, avec le savant ingénieur que j'ai cité et dont les travaux me servent de guide, que ces différentes eaux proviennent d'une seule et même nappe, puisqu'il y a plus de 100 mètres de différence entre leurs niveaux géologiques.

Devons-nous, cependant, en conclure que ces deux nappes liquides soient nécessairement étrangères l'une à l'autre? Nullement, et la grande analogie, je dirais presque l'identité des eaux de Mondorff et de Sierck démentirait une pareille conclusion. On peut donc admettre, comme très-vraisemblable, que les eaux se minéralisent dans un milieu commun et dans les mêmes conditions géologiques; mais, dans les bouleversements du sol de la contrée, la nappe liquide aura trouvé quelques solutions dans la roche, à la faveur desquelles elle se sera élevée par pression des grès bigarrés dans le Muschelkalk ou précipitée de celui-ci dans les couches d'une formation plus profonde.

On avait eu la pensée de creuser, au milieu de Sierck, un puit artésien semblable à celui qui amène à Mondorff cette belle veine d'eau minérale; mais comme la nappe qui lui donne naissance, sur la rive gauche de la Moselle, existe entre le Muschelkalk et

2*

le grès bigarré, il est de toute évidence, d'après les belles études de M. Jacquot, qu'il serait impossible de rencontrer cette nappe au-dessous de Sierck, puisque son niveau se trouve, dans les collines qui dominent la ville, à 100^m environ au-dessus d'elle.

DÉCOUVERTE DE LA SOURCE.

On observait, depuis longtemps, quelques suintements sur un terrain de la commune de Basse-Kontz, au bord de la Moselle, au-dessus de Sierck. On fit quelques recherches, et dans une excavation de deux mètres de profondeur, on trouva, s'élevant du fond, deux sources voisines l'une de l'autre qui pourraient être facilement confondues et réunies en une seule.

M. Edmond Renault, propriétaire à Sierck, acheta ce terrain à la commune et s'adressa à M. Hautefeuille, à Paris, pour faire l'analyse des eaux récemment découvertes.

Sur les indications de ce chimiste, M. Renault pensa donc que ces sources pourraient être utilement appliquées à la thérapeutique et pria M. le Préfet de vouloir bien inviter la société des sciences médicales du département de la Moselle à en faire une étude sérieuse qui permît d'apprécier leur valeur.

En conséquence, ce haut fonctionnaire écrivait, le 28 juin 1853, à M. le Président de cette société pour lui demander qu'une commission fût choisie dans son sein afin de se livrer spécialement à cette étude et à toutes les recherches qu'elle comportait.

Cette commission fut composée de MM. Félix Maréchal, Warin, Grellois, Saunois, et Dieu, rapporteur. Mon nom figurant parmi ceux de ses membres, j'ai donc signé le rapport qu'elle lut à la société ; mais comme je suis resté étranger à sa rédaction, entièrement confiée à M. Dieu, je reste, aussi, libre de le considérer comme un document étranger, d'accepter tout ce qu'il peut renfermer de bon, de modifier ce qui me semblerait faux ou douteux, de le compléter, enfin, dans ce qui pourrait être incomplet.

Je dois reconnaître, cependant, que ce rapport, quoiqu'émanant d'un homme d'une incontestable valeur, n'a été admis qu'après longue et mure discussion. Je me serais donc abstenu de faire un nouveau travail sur ce sujet, si je n'avais eu qû'à relever quelques erreurs qui auraient pu échapper au rapporteur, ou à modifier quelques appréciations ; mais il m'a semblé que, rédigé dans un but spécial, il n'avait pu dire tout ce qui peut intéresser dans l'étude de ces eaux, et que je pourrais encore trouver quelques aperçus restés en dehors des recherches de la commission. Mon voisinage de Sierck me permettait d'étudier ces eaux sur place, et je me suis mis à l'œuvre sans autre mobile qu'un intérêt purement scientifique.

Par suite de ce rapport, M. Renault sollicita de S. E. le Ministre des travaux publics, de l'agriculture et du commerce, une autorisation d'exploiter la source pour les besoins de la thérapeutique. L'académie impériale de médecine, invitée par le ministre à examiner la question, fit un rapport favorable et autorisa l'exploitation. (*Mém. de l'Acad. Imp. de Médecine*, 30 août 1856, *p.* 595.)

TRAVAUX D'AMÉNAGEMENT.

..... Il reste très-peu de chose à faire pour parvenir à un aménagement complet de la source de Basse-Kontz, sur place au moins, car il ne peut être ici question des travaux de conduite sur un lieu plus favorable pour l'exploitation et les constructions à faire que celui d'où la source sourd, lequel est extrêmement resserré entre la côte de Stromberg et la Moselle. En effet, les sources de Basse-Kontz, bien que situées à quelques mètres seulement du lit de la Moselle, sont complètement indépendantes des eaux de cette rivière, auxquelles elles ne se mélangent pas, même dans les plus grandes crues. Cela est attesté à la fois et par leur limpidité, qu'elles conservent alors parfaite, et par l'analyse qui a été faite, et qui montre qu'elles renferment en poids exactement la même quantité de substances minéralogiques que celles de Mondorff. Cet isolement tient à ce que ces sources sortent de glaises très-compactes et parfaitement étanches ; seulement il arrive qu'un très-petit filet d'eau douce venant des éboulis calcaires qui couvrent le revers de la côte de Stromberg, vient dans le bassin de la plus faible des deux sources, avec laquelle elle se mélange. Pour isoler ce filet d'eau douce et pour mettre en même temps la cuvette des sources qui est en contre-bas des plus hautes eaux de la Moselle, à l'abri des inondations, il ne reste plus qu'à construire autour de chacune d'elles un bassin en maçonnerie hydraulique, lequel reposant sur la glaise les isolera complètement et de la rivière et des eaux douces de la côte, auxquelles on pourra ménager un conduit extérieur. Mes conclusions tendent, en conséquence, à ce qu'il soit construit autour de chacune des sources deux bassins circulaires en maçonnerie hydraulique que l'on élèvera au-dessus des plus hautes eaux de la Moselle, et un conduit latéral à la base d'un de ces bassins pour les eaux douces qui viennent de la côte et qui se rendront directement dans la rivière. (Extrait d'un rapport de M. Jacquot.)

J'ajouterai, pour compléter le système proposé par M. l'ingénieur Jacquot, qu'il serait important de couvrir ces bassins d'une enceinte voûtée qui enlèverait l'eau minérale aux influences de la lumière et de l'air extérieur.

La matière qui s'organise si abondamment au fond et sur les parois du bassin, puise ses éléments dans l'eau et doit donc contribuer à l'appauvrir; de là le conseil de soustraire la source à l'action de la lumière, sans laquelle *la matière organique ne s'organise pas*. Le dépôt ferrugineux qui se forme si promptement dans les vases où l'on renferme ces eaux démontre toute l'importance qu'on doit attacher à éviter leur contact avec l'air atmosphérique, seule condition qui leur permette de conserver la composition chimique avec laquelle elles sortent du sol.

ABONDANCE.

Des deux sources, la plus importante a seule été jaugée; elle peut fournir, d'après les évaluations d'hommes compétents, 100,000 litres par jour, soit 100^{mc}. Voyons, dans la prévision d'un établissement balnéaire, ce qu'on obtiendrait d'un pareil volume d'eau.

Un mètre cube suffit pour trois bains de baignoire, en admettant trois hectolitres par bain et un hectolitre de déchet ; 100 mètres fourniraient donc 300 bains par jour.

Mais si l'on réfléchit que la forte minéralisation de ces eaux ne permettrait pas toujours de les administrer pures, et qu'il faudrait fréquemment les couper avec de l'eau douce, on peut, sans crainte, porter à 400 le chiffre journalier des bains, avec l'une de ces deux sources seulement.

Cependant quelques maladies réclament l'emploi simultané des bains et des douches. Or, une douche exige, moyennement, le même volume d'eau qu'un bain. Supposons donc, si l'on veut, une douche pour un tiers des malades qui feraient, en même temps, usage des deux modes de traitement, et nous restons encore avec la possibilité d'administrer, par jour, 300 bains et 100 douches.

L'obligation de chauffer l'eau pour les usages externes ne permet point de songer à l'établissement de piscines.

On comprend que je néglige totalement l'eau destinée à la boisson ; quel que soit le nombre des buveurs, ce sera toujours une consommation insignifiante.

Avec le volume d'eau actuellement reconnu, on peut donc faire face à des exigences qui dépassent de beaucoup les espérances qu'il serait permis de concevoir, puisqu'il suffirait, avec le produit d'une seule source, à un traitement complet de 500 malades, au moins, réunis en même temps.

Mais admettons, pour un instant, une splendeur et une vogue inespérées, les malades affluant dans une proportion imprévue, il est probable qu'à l'aide d'un bon captage la seconde source ne serait pas, en volume, beaucoup inférieure à la première. Ce serait donc près de 600 bains et de 200 douches qu'on pourrait administrer.

Mondorff est, sous ce rapport, beaucoup mieux partagé que Sierck, puisque, suivant les observations de M. Eydt, architecte de la ville de Luxembourg et de l'établissement des bains, cette source jaillissante donne par minute 600 litres d'eau, soit 36,966 litres par heure, soit, enfin, 887^{mc} 18 par jour. Mais Mondorff perd une grande quantité d'eau et ne trouvera, de longtemps, l'emploi de cette masse de liquide. L'hôpital militaire de Bourbonne, avec 120^{mc}, reçoit plus de 800 baigneurs par saison. Bagnères de Bigorre, avec toute sa réputation, ne possède que 70^{mc} d'eau.

Quoiqu'il en soit, cette différence entre Sierck et Mondorff s'explique suffisamment par le niveau des eaux de chacune de ces deux stations. La plus grande masse doit se réunir au point le plus bas, où elle est soumise à la plus forte pression.

Pendant les deux années de sécheresse que nous

venons de traverser, il ne s'est pas produit la moindre diminution dans le débit des eaux de Sierck.

MODE D'APPARITION DES EAUX.

Ces eaux sourdent, mais elles ne jaillissent point comme celles de Mondorff. Cette différence s'explique très-bien encore par leur différence de niveau et par la pression énorme à laquelle celles-ci sont soumises à une profondeur de 502^m au-dessous du sol. Au moyen d'un captage artificiel (en bois) on a fait monter les eaux de Sierck à $1^m 50$; elles seraient allées au-delà si l'appareil, fabriqué dans de meilleures conditions, avait pu opposer au volume de l'eau une base plus résistante.

PROPRIÉTÉS PHYSIQUES.

Aspect. — Cette eau, vue à la source, paraît jaunâtre, coloration qu'elle doit au dépôt ocreux qui tapisse le fond et les bords du bassin et recouvre bientôt tous les corps qui y sont accidentellement déposés. Des bulles de gaz viennent s'échapper à la surface, mais ce dégagement ne s'opère qu'au-dessus du griffon; sur les autres points du bassin la surface de l'eau est calme. Les gaz semblent donc plutôt mélangés que dissous dans l'eau, puisqu'ils s'échappent presqu'entièrement aussitôt qu'ils ne sont plus soumis qu'à la pression atmosphérique. Ce dégagement augmente avec l'abaissement de la colonne barométrique; mais c'est un fait commun à toutes les sources gazeuses. Il est intermittent, parfois nul, parfois d'une extrême abondance; tantôt les bulles s'exhalent par bouffées, tantôt elles sont rares et isolées.

Du fond de la source s'élève une masse floconneuse, blanchâtre, extrèmement abondante, si peu consistante qu'on peut à peine la saisir avec la main et qu'elle s'échappe entre les doigts; c'est une masse végétale. De véritables algues vertes, en longs filaments, s'observent aussi, confusément répandues çà et là. Ces deux matières organiques, en se décomposant, se détachent de leurs supports et s'élèvent à la surface, où elles nagent sous forme de croûtes épaisses d'un vert jaunâtre. Indépendamment de ces croûtes végétales, toute la surface des bassins est recouverte d'une *crême* blanchâtre de carbonate de chaux, et d'une pellicule irisée offrant à l'œil les nuances les plus délicates et les plus changeantes. Vue dans un vase, cette eau est parfaitement limpide et transparente. Elle louchit après quelques heures de repos, laisse nager de petites masses floconneuses, dépose des granules amorphes d'un sel de fer, et reprend bientôt sa transparence. Soumise à l'ébullition, elle jaunit et se trouble légèrement.

Elle est rude au *toucher* et n'a rien de cette onctuosité qu'on remarque dans beaucoup d'eaux minérales. Cette dernière propriété, résultant surtout de la présence des carbonates alcalins dans l'eau, ne saurait exister ici.

Sa *saveur* est fortement salée et rappelle un peu celle de l'encre, avec un léger degré d'amertume. Elle n'est point désagréable et le goût s'y habitue aisément. Elle est complètement *inodore* et n'indique la présence d'aucun principe sulfureux.

Elle forme d'abondants grumeaux avec le savon et ne cuit pas les légumes.

Degré d'ébullition. — L'eau distillée entrant en ébullition à 99° 64 sous une pression de 750^{mm} 29, l'eau de Sierck ne bout qu'à 100° 91. L'eau de Mondorff, sous la même pression, a fait ébullition à 100° 68, mais cette eau était conservée depuis plusieurs mois. — Ce phénomène ne s'est manifesté qu'à 108° 95 [1] avec une solution concentrée de chlorure

1 D'après les recherches de M. Legrand, professeur d'astronomie à Montpellier, le point d'ébullition de la solution saturée de chlorure de sodium est 108° 4. Comment n'ai-je point obtenu les mêmes résultats ? Cependant mes expériences ont été faites à l'aide d'un ther-

de sodium. Or, il faut 41^{gr}· 2 de chlorure de sodium pour saturer l'eau. Si le retard apporté à l'ébullition ne dépendait que de la présence de ce sel dans l'eau de Sierck, comme elle contient encore environ 10^{gr}· de matières solubles après son exposition prolongée à l'air, elle ne devait entrer en ébullition qu'à 102° 18; mais sa minéralisation n'est pas due seulement au chlorure de sodium. — Tout cela me paraît, d'ailleurs, d'une importance fort secondaire.

Sa densité, suivant M. Dieu, est de 1, 0088 à 15^{oc}. Je ne l'ai trouvée, le 10 décembre 1858, que de 1, 0086 à 0°. Cette faible différence pourrait bien ne résulter que de la différence des instruments employés. [1] L'eau de Mondorff a été trouvée, par M. Van Kerkhoff, de 1, 01134, à la température de 21^{oc}. J'ai reconnu également, dans la densité de ces mêmes eaux, une légère différence à l'avantage de Mondorff.

Température. — La commission a trouvé à l'eau de Sierck, en juillet 1853, une température de 15°; le 2 avril 1854, elle était de 14° 5; le 9 décembre 1858, j'ai mesuré 11° 58, sous une température extérieure de 2°, et le 8 janvier suivant, sous la même température extérieure, 11° 96 dans la grosse source, et 12° 43 dans l'autre.

momètre hypsométrique rigoureusement exact, et placé dans un appareil semblable à celui de M. Régnault, pour obtenir le point de 100°. J'ai toujours ramené la pression à 760^{mm}.

1 Je me suis servi d'un densimètre de la maison Salleron.

Cette eau est donc *froide* et soumise à l'influence évidente des variations atmosphériques, qui élèvent ou abaissent sa température, suivant l'ordre des saisons.

Celle de Mondorff, mesurée à la profondeur de 502^m, le 29 juin 1847 et le 15 janvier 1848, a donné, chaque fois, à MM. Van Kerkhoff, Eydt et Lyon, 24° 75, à l'aide de thermomètres à maxima. En décembre 1852, M. Walferdin a plongé dans ce puits jaillissant trois thermomètres à déversement, et a trouvé, en trois observations, une température moyenne de 25° 65. On connaît la perfection des instruments employés par M. Walferdin, et la rare habileté de ce savant ; nous prendrons donc ses chiffres comme base de nos appréciations.

Nous avons reconnu l'origine commune des eaux de Sierck et de Mondorff, malgré la différence des terrains desquels elles s'échappent ; leur identité de nature nous a été prouvée encore par les faits physiques et le sera bientôt par les faits chimiques. Pourquoi donc les unes sont-elles froides, tandis que les autres jouissent d'une thermalité indépendante des influences atmosphériques ? Ce fait intéressant, qui se présente souvent en hydrologie, mérite une courte digression.

La source de Mondorff jaillit à 198^m au-dessus de la mer ; ce puits artésien a été creusé à la profondeur de 502^m ; la nappe liquide se trouve donc, au niveau de cette station, à 304^m au-dessous de la mer.

A Sierck la source s'échappe *naturellement* de sa nappe à 150^m au-dessus de l'Océan ; il y a donc 454^m de différence entre deux niveaux connus de ces deux nappes. Le cours d'eau souterrain, si on lui reconnait une origine commune, forme donc un plan incliné suivant une pente rapide, probablement onduleuse et fortement accidentée, dont Sierck et Mondorff constituent pour nous les deux extrémités, quoiqu'ils soient loin, probablement, de concorder avec les extrémités véritables.

Mais M. Walferdin a reconnu, pour le puits de Mondorff, que l'accroissement de température est de 1° pour 31^m 04 de descente verticale dans le sol. En admettant donc que les eaux qui nous occupent n'empruntent leur calorique qu'au milieu souterrain dans lequel elles circulent, si elles ont 25° 65 à 304^m au-dessous de la mer, à 454^m plus haut leur température doit avoir baissé de 14° 25 et n'être plus, parconséquent, que de 11° 40, chiffre théorique conforme à celui que j'ai trouvé le 9 décembre 1858.

Cette dernière expérience isolée semblerait donc confirmative du principe indiqué par M. Walferdin ; mais en l'admettant sans restriction on s'exposerait à de graves erreurs, et nous affirmons ici qu'une telle appréciation est presque toujours impossible ; aussi, est-elle démentie, dans le cas actuel, dans deux observations sur trois.

En effet, le calcul si simple que je viens de faire

suppose que la nappe liquide est tranquille, qu'elle n'est point soumise à d'autres influences thermiques que celle de la couche terrestre au milieu de laquelle elle plonge. Mais cette stagnation du liquide n'est pas et ne peut pas être. Pour que l'eau s'échappe par un point il faut qu'elle arrive d'un autre point, qu'elle circule. Il faut, de deux choses l'une, ou que l'eau, amenée de la surface, descende suivant le plan incliné de la vallée souterraine pour s'accumuler à son thalweg, ou bien que, soumise à la pression d'un courant opposé, elle remonte le même plan et vienne se répandre de la profondeur à la surface. Or, dans ces deux cas, l'eau s'échauffe ou se réfroidit successivement à mesure qu'elle descend ou s'élève davantage, parce qu'elle tend partout à se mettre en équilibre de température avec la couche solide ambiante. Mais la quantité de chaleur qu'elle peut ainsi perdre ou acquérir n'a rien de constant ; elle est surtout en rapport avec le volume de l'eau, avec la conductibilité et la capacité pour le calorique des roches traversées ou avoisinantes, mais surtout encore avec la rapidité qu'elle met à parcourir les canaux qu'elle s'est creusés ou que l'art lui a ménagés. Cette dernière influence me semble telle que je ne saurais admettre qu'une veine liquide descendant d'un cours rapide pour remonter ensuite donne une égale température à un même niveau en amont et en aval au-dessus du point le plus profond.

Dans la descente elle ne peut se charger instantanément de tout le calorique inhérent aux couches qu'elle traverse ; en montant elle ne peut abandonner avec assez de promptitude celui qu'elle a acquis dans les couches les plus profondes. Une telle veine liquide serait donc, à hauteur égale, plus chaude dans la seconde partie que dans la première de son trajet. Une source artésienne apporte à l'extérieur sa température initiale, parce que son volume et la rapidité de son ascension ne lui ont point permis de se refroidir ; témoin la source de Mondorff, qui offre le même degré de chaleur à 502^m de profondeur et à son griffon. Mais il n'en est plus de même lorsque l'eau se divise en nombreux filets et traverse des conduits naturels où elle a souvent à lutter contre la direction, ou contre mille obstacles qui retardent sa marche.

Dans ces conditions, si plusieurs filets viennent au jour, les plus volumineux seront les plus chauds.

La température d'une source ne saurait donc indiquer la profondeur verticale de son point de départ, puisqu'elle peut s'être divisée à l'infini, avoir ralenti ou accéléré sa marche en différents points de son parcours.

Cette courte digression nous montre comment deux sources voisines peuvent quelquefois offrir de grandes différences de température, mais elle nous montre aussi que les puits verticaux, tels que ceux qui résultent d'un sondage, peuvent seuls nous donner, dans de certaines limites, la loi de l'accroissement de la température par la profondeur, et nous indiquer, par conséquent, le niveau d'une nappe d'eau souterraine. Les sources naturelles ne peuvent fournir, sous te rapport, que des indications vagues et infidèles.

Il nous reste, enfin, à rechercher pourquoi les eaux de Sierck subissent les influences atmosphériques, dans une limite que nous avons reconnue s'élever à 5° 40, mais qui n'exprime pas, évidemment, le terme de leurs écarts de température. — On sait qu'à une profondeur qui varie de 6 à 10^m (selon Kœmtz) le thermomètre ne donne plus d'indications, la température reste uniforme pendant toute l'année. A une profondeur moindre, les influences extérieures s'exercent avec une intensité proportionnelle au rapprochement de la surface du sol. Il faut donc admettre ici que l'eau parcourt un trajet d'une certaine étendue à une profondeur du sol inférieure à 4 ou 5 mètres. Ce fait indique la possibilité de retrouver les sources sur un point différent de leur point d'émergence, si l'on pouvait en éprouver le besoin.

PROPRIÉTÉS CHIMIQUES.

—

Nous possédons deux analyses de l'eau de Mondorff, deux aussi de l'eau de Sierck; la grande

3

analogie qui existe entre les analyses d'une même source prouve incontestablement le soin avec lequel ces opérations ont été faites, et la confiance qu'elles doivent inspirer ; l'analogie non moins frappante qu'on remarque entre la composition chimique des deux sources de Sierck, démontre encore qu'elles sont bien évidemment fournies par la même nappe et ont une origine commune. Le tableau suivant met ces quatre opérations en regard.

	MONDORFF.		SIERCK.	
	M. Wan Kerkhoff.	M. Reuter.	M. Hautefeuille	M. Dieu.
	gr.	gr.	gr	gr.
Chlorure de sodium....	8 721200	8 699	7 594	8 286
— de potassium. .	0 205900	traces.	0 443	0 054
— de calcium. ...	3 166700	5 054	2 786	2 281
— de magnésium .	0 424000	0 215	0 269	0 296
Bromure de magnésium.	0 098000	traces.	non dosé.	0 091
Iodure de magnésium...	0 000095	»	—	faibl. trac.
Sulfate de chaux	1 641500	1 484	0 756	1 588
Carbonate de chaux....	0 085500	0 054	0 525	0 233
— de magnésie ..	0 006400	0 003	0 122	0 042
— de protoxide de fer.	0 022500	0 015	non dosé.	0 054
Sous–phosphate de fer..	»	»	0 018	»
Silice...............	0 007200	0 005	0 021	0 014
Acide arsénieux.......	0 000270	»	»	»
— antimonieux.....	0 000130	»	»	»
Matières organiques ...	traces.	traces.	traces.	faibl. trac.
Acide carbonique libre..	0 000806	0 1294	»	»
Azote........... ...	0 000228	»	»	»
Manganèse.	traces.	»	»	traces.
Alumine.............	»	»	»	traces.
	14 380429	13 6384	12 514	12 719
	14 009		12 516	

L'examen des chiffres totaux nous montre que l'eau de Mondorff est plus fortement minéralisée que celle de Sierck, et la moyenne des diverses analyses donne une différence de 1 $^{gr.}$ 493. Ces différences ne paraissent pas porter plus spécialement sur certains principes, mais se disséminer proportionnellement sur chacun d'eux. Ce fait semble indiquer que la nappe souterraine a son cours de Sierck à Mondorff, et que, bien que fortement minéralisée déjà à la première station, elle se charge encore dans l'intervalle qui la sépare de la seconde. Il est peu présumable que ce soit le résultat de l'abaissement de leur température, parce qu'il ne doit point se former de précipitation tant que le liquide est soumis à la pression intérieure et qu'il est soustrait à l'air atmosphérique.

Quant aux différences observées dans la proportion des principes d'une même source, nous y voyons une double explication. La plus simple, ce sont les erreurs inhérentes à ce genre d'opérations, erreurs telles que deux habiles chimistes opérant sur de l'eau puisée au même lieu et au même instant, n'obtiendront point des résultats complètement identiques. [1]

1 Pendant que M. Dieu, au nom de la commission, était chargé de cette analyse, MM. Luxer et Gébin, pharmaciens à Metz, membres de la société des sciences médicales, furent chargés, pour donner à cette société toutes les garanties désirables, de faire, chacun en particulier, une analyse des mêmes eaux. Comme les résultats

Nous admettrons donc, dans de certaines limites, les erreurs d'expérimentation. Cependant il me semble difficile de croire qu'il n'y ait que de l'erreur, quand nous trouvons des différences de 0 $^{gr.}$ 652 (sulfate de chaux) ou même de 0 $^{gr.}$ 692 (chlor. de sodium); je suis disposé à reconnaître que la minéralisation n'était point identique dans l'eau de chaque expérience, et j'ai depuis longtemps acquis cette conviction, que la proportion des principes dissous dans une eau minérale est soumise à des variations réelles et continues, variations qui répondent parfaitement à l'idée qu'on se fait des procédés par lesquels la nature minéralise les eaux dans son laboratoire souterrain.

Le principe dominant dans ces eaux est le *chlorure de sodium*, puisqu'il représente à lui seul environ les deux tiers des éléments minéralisateurs. Ce sont donc essentiellement des eaux *chlorurées sodiques fortes*. M. Herpin (de Metz) ne cite, dans son tableau des principes médicamenteux contenus dans les eaux minérales de France, aucune source qui offre ce sel en aussi forte proportion; Uriage, la plus chlorurée de toutes, a 7 $^{gr.}$ 236 (Nous faisons, toutefois, abstraction de l'eau de mer et des eaux mères

coïncidaient d'une manière remarquable, tant sous le rapport des substances trouvées que sous celui des quantités, on prit la moyenne des chiffres des trois analyses pour dresser le tableau que nous avons reproduit.

des salines). Cependant, quelques eaux d'Allemagne et d'Angleterre sont, sous ce rapport, beaucoup plus riches que l'eau de Sierck; citons Kreutznach, Soden, Hombourg, Nauheim, Harrowgate, sources dans lesquelles on trouve, par litre, de 9 à 23 grammes de ce sel.

Le *chlorure de potassium* ne se trouve jamais dans les eaux qu'en petite quantité; la proportion indiquée par M. Hautefeuille, 0,445, me semble donc assez remarquable.

Le *chlorure de calcium* existe fréquemment dans les eaux salées, mais je ne connais, d'après M. Herpin, qu'une source, peu importante d'ailleurs, où il soit aussi abondant qu'à Sierck, c'est Leamington en Angleterre ($3^{gr.}$ 9999).

Le *chlorure de magnésium* est moins répandu dans les eaux que les précédents, mais il offre, aussi, moins d'intérêt. Il est représenté, dans les sources de Sierck, par une proportion qu'on lui voit, ailleurs, fréquemment atteindre et dépasser.

L'ensemble des chlorures est indiqué par 10^{gr}917, chiffre qu'il n'atteint dans aucune eau minérale de France, mais qu'il surpasse dans quelques sources de l'Allemagne.

Le *brôme* et l'*iode* accompagnent presque constamment les chlorures, mais ils sont presque toujours en proportions si minimes dans les eaux qu'on ne les a trouvés que depuis qu'ils ont spécialement appelé l'attention. Les eaux de Sierck contiennent assez de brôme pour que cet élément soit signalé, et on peut les définir *chlorurées sodiques bromurées*.

On n'a trouvé que des traces d'iode.

M. Hautefeuille n'avait à sa disposition qu'une quantité d'eau insuffisante pour rechercher ces deux composés intéressants. M. Dieu, organe de la Commission, fait à ce sujet les réflexions suivantes : « il est curieux de noter que ce chimiste a trouvé une quantité de carbonate de magnésie beaucoup plus forte que nous. Or si, dans le calcul, on attribue au brôme l'excès d'oxide de magnésium que M. Hautefeuille a attribué à l'acide carbonique, on trouve une quantité de brôme qui se rapproche singulièrement de nos chiffres. »

La proportion des *sulfates* est peu considérable relativement à l'ensemble, et doit exercer une faible action dans les propriétés actives de ces eaux.

Les *carbonates* y sont bien moins représentés encore. Quant au *carbonate de protoxyde de fer* indiqué dans les deux analyses de Mondorff et dans celle de la Commission, il y a peut-être confusion. M. Dieu avance que le précipité ocreux fait effervescence avec les acides. C'est une erreur, et je l'ai assez bien constatée pour oser l'affirmer. Il existe, sans doute, dans l'eau souterraine, un carbonate de protoxyde de fer tenu en solution à la faveur d'un excès d'acide ; mais arrivé au jour, cet acide se dégage, le fer en partie décarbonaté se trouve en contact avec la matière organique qui s'en empare, et de carbonate il devient *crénate de fer*.

Le *sous phosphate de fer* dosé par M. Hautefeuille provoque de la part de M. Dieu la rectification suivante : « dans la copie que nous avons sous les yeux nous avons lu que M. Hautefeuille avait trouvé 0,018 de sous phosphate de fer, et pas de carbonate de cette base. Il est probable que c'est là un *lapsus calami*, et que ce chimiste a écrit sous phosphate de fer au lieu de sous carbonate. » — Pour moi, je n'ose croire à la présence de ce sous phosphate, qui n'a été trouvé ni à Mondorff, ni à Sierck par la Commission, et qu'on rencontre si rarement dans les eaux.

De toutes les bases, la *chaux* est la plus abondante dans les eaux qui nous occupent, puisque nous la voyons, à elle seule, en proportion plus considérable que toutes les autres bases réunies.

La *silice* est communément répandue dans les sources minérales, et sa proportion, dans les eaux de Sierck s'éloigne peu de ce qu'on rencontre moyennement dans une eau minérale quelconque.

L'*arsenic* et l'*antimoine* n'ont point été trouvés dans ces sources, mais ils y existent, puisqu'on a constaté leur présence dans les dépôts ocreux. L'arsenic a été rencontré, depuis quelques années, dans un si grand nombre d'eaux minérales, qu'on serait

tenté de croire qu'il en est peu qui n'en contiennent,
en proportions minimes, il est vrai, mais capables,
cependant, d'exercer une action appréciable dans la
constitution des eaux.

L'*antimoine* a été rarement signalé. M. Daubrée
en a trouvé dans l'eau de mer (Ann. des mines 1851,
t. XIX, p. 669), et M. Walchner dans les dépôts des
eaux de Wiesbaden (Journal de pharmacie et de
chimie 1847, t. XI, p. 247).

Cependant, ce corps paraît accompagner fréquemment l'arsenic, et, sans doute, on le rencontrerait
plus souvent si l'on opérait sur de plus grandes
quantités de liquide.

Le *manganèse* semble accompagner souvent le
fer, mais on l'a peu recherché jusqu'ici. On l'a
trouvé en quantité notable dans les eaux de Cransac
et dans le dépôt des eaux de Luxeuil.

L'*alumine* est extrêmement rare dans les eaux ;
mais cette substance paraît être en si faible proportion dans celles de Sierck, qu'on ne saurait lui attribuer aucune importance.

Matière organique.—Je suis surpris, je l'avoue,
que dans les diverses analyses des eaux de Mondorff
et de Sierck on n'ait trouvé que *des traces* ou de
faibles traces de matière organique, tandis que la
luxuriante végétation qui couvre le fond et les parois
du bassin semble devoir son origine à une matière
organique abondante. On né saurait croire, en effet,

que ces algues floconneuses et ces longues oscillaires n'empruntent leurs éléments de nutrition à cette matière azotée dissoute dans les eaux. Je crois donc qu'on la trouverait bien plus abondante si l'eau était puisée avant d'avoir eu le contact de l'air extérieur, avant que la matière ait été absorbée par cette étrange végétation. J'ai fait remarquer, dans un autre travail [1], que les eaux thermales possèdent seules une matière organique *conjonctive,* qui réunit les oscillaires ou les algues sous forme de membrane, tandis que dans les eaux froides ces végétations sont toujours ou floconneuses ou filamenteuses. Les eaux de Sierck confirment cette observation.

Gaz. — Les gaz recueillis à la source, sous une pression de 0,76 et à la température de 10°c, renferment, suivant M. Dieu :

Azote	95	986
Acide carbonique	4	014
	100	000

Mais ces deux gaz sont dissous dans l'eau en des proportions bien différentes. M. Dieu a trouvé, par litre, sous la même pression et à la même température :

Azote	0	58
Acide carbonique	0	26
	0	64

[1] Etudes sur les eaux thermo-minérales de Bourbon-l'Archambault.

3*

Nous ne ferons aucune réflexion au sujet de l'acide carbonique, qu'on trouve dans presque toutes les eaux minérales et, habituellement, en proportions bien plus considérables qu'à Sierck.

Quant à l'azote, qu'on a longtemps considéré comme rare dans les eaux, il a été rencontré dans un grand nombre de sources minérales, depuis qu'on a voulu constater sa présence. Il semble, d'ailleurs, facile de se rendre compte de l'existence de ce gaz dans les eaux. L'oxygène est plus soluble que l'azote ; aussi, l'air dissous dans l'eau est-il toujours plus oxygéné que l'air extérieur ; l'azote a donc une grande tendance à se dégager lorsqu'il vient au jour et qu'il est soustrait à la pression intérieure ; on comprend ainsi comment tout dégagement doit cesser à peu de distance du griffon ; on comprend aussi combien les gaz recueillis à la source doivent différer de ceux qu'on trouve dissous dans l'eau, et l'on s'explique pourquoi les premiers donnent une proportion d'azote bien supérieure aux seconds. D'ailleurs, toutes les fois que l'air circulant avec l'eau dans des canaux souterrains renferme une matière oxydable, et surtout une matière organique, il s'en empare, et l'azote reste libre.... Enfin, pour les sources ferrugineuses, en particulier, M. Dieu énonce la proposition suivante : « Toutes les fois qu'une eau, dans son parcours, rencontrera un sel soluble de fer susceptible de se transformer, par ses réactions sur les carbonates contenus dans l'eau, en carbonate de protoxyde de fer, il y aura nécessairement dégagement d'azote aux dépens de l'air dissous dans l'eau. En effet, le carbonate de protoxyde de fer absorbant rapidement l'oxygène de l'air pour se transformer en carbonate de sesqui-oxyde, qui se dépose, isole l'azote dont une partie reste dissous dans l'eau minérale. »

Il est cependant vrai que l'eau de Sierck laisse dégager une très-remarquable proportion de gaz azote, et peu d'eaux en sont aussi richement pourvues.

L'abondance des matières végétales que j'ai signalées plus haut est, sans doute, liée à la présence de l'azote, car ces produits sont eux-mêmes azotés, et l'on sait que, s'ils ont les propriétés caractéristiques du monde végétal, ils jouissent aussi de certains des attributs de l'animalité, attributs auxquels ils doivent leur nom d'oscillaires.

Ce remarquable dégagement d'azote, qu'Anglada attribuait, d'abord, exclusivement aux eaux sulfureuses, et que, plus tard, il reconnut appartenir à toutes les classes d'eaux, ce dégagement, dis-je, joint à la présence de matières organiques floconneuses, blanchâtres, qui tapissent les bassins, aurait, sans doute, porté cet illustre hydrologue à classer les eaux de Mondorff et de Sierck parmi les sulfureuses dégénérées, attribuant l'existence des sulfates à la destruction des sulfures par l'oxygène. Cette idée théorique pourrait, assurément, être émise et soutenue.

Cette riche minéralisation indique formellement la composition des conduits souterrains dans lesquels la nappe a circulé. Les dépôts salés, si abondants dans les terrains triasiques de la Lorraine, lui ont fourni ses chlorures, son brôme, son iode. Les masses gypseuses lui ont cédé du sulfate de chaux. La silice résulte de l'action de l'acide carbonique sur les roches silicatées (grès), ainsi que l'a démontré M. Ebelmen. Le fer est abondant dans tous ces terrains, et le manganèse l'accompagne ; ils sont, l'un et l'autre, dissous par l'acide carbonique. L'alumine est fournie par les marnes. Enfin, les autres éléments sont en faible proportion, et peuvent se rencontrer partout.

MODES D'ADMINISTRATION.

Les eaux qui nous occupent peuvent être administrées sous forme de boisson, sur place ou transportées, sous forme de bains, de douches et de vapeurs.

L'eau destinée à être bue sur place peut être facilement élevée dans un récipient sans avoir subi le contact de l'air ; il suffit d'une petite pompe munie d'un robinet à sa partie supérieure, d'un entonnoir à sa partie inférieure, et plongeant jusqu'au fond du bassin, au niveau du griffon. Il n'y a point de pré-

cautions à recommander au buveur ; la température
de l'eau permettant son ingestion immédiate , on n'a
point à craindre de précipitation ni la perte de ses
principes, solides ou gazeux.

Mais il n'en est pas de même pour puiser l'eau
destinée à être conservée et transportée. En la re-
cueillant au robinet, il s'opérerait un dégagement de
gaz, et partie des éléments qui ne sont solubles qu'à
la faveur d'un excès d'acide carbonique se déposerait.
Il en est de même si la bouteille n'est pas entièrement remplie : les gaz s'amassent dans l'espace laissé
libre entre l'eau et le bouchon, et la précipitation se
fait encore. Enfin, on a reconnu que le choc qui s'o-
père dans le goulot de la bouteille entre l'air qui est
chassé et l'eau qui le chasse, détermine des modifications chimiques qu'il importe d'éviter. — Je ne
puis entrer dans le détail de tous les modes d'em-
bouteillage indiqués par les auteurs, et qu'on trouve
résumés dans un ouvrage récent de MM. Ossian Henri
père et fils [1] ; qu'il me suffise de dire ce qu'il me
semblerait convenable de faire pour les eaux qui
nous occupent.

On obvie au premier inconvénient en remplissant
les bouteilles sous l'eau, dans le bassin même, et en
les bouchant avant que le liquide contenu ait subi le
contact de l'air. Le bouchage se compléterait ensuite ;

1 Traité pratique d'analyse chimique des eaux minérales.

mais pour cette dernière opération il ne sera jamais utile de recourir à un appareil particulier, qui n'est nécessaire que pour les eaux essentiellement gazeuses. Comme il importe de recueillir avec l'eau la plus forte proportion possible de gaz, il serait facile de retarder leur dégagement et de les concentrer sur le point de puisage.

On sait qu'il est impossible de boucher une bouteille entièrement pleine, et les liquides étant peu compressibles, le vase se briserait pendant l'opération si l'on ne laissait une certaine quantité d'air interposée entre le bouchon et l'eau. Je conseille, alors, d'employer des bouchons perforés dans toute leur longueur, et, pendant le bouchage sous l'eau, le trop plein s'échappe par cette perforation qu'on ferme à son tour à l'aide d'une cheville de bois. J'ai plusieurs fois employé ce procédé, et j'en ai toujours obtenu de bons résultats. Au lieu de fermer l'ouverture par une cheville de bois, il serait mieux, peut-être, de se servir d'une pointe de fer, d'un calibre proportionné à celui de la perforation, et dont la pointe, traversant le bouchon, plongerait un peu dans l'eau minérale. On sait que ce procédé a été conseillé pour neutraliser l'action que l'acide tannique du liége peut exercer sur le liquide contenant des sels de fer. Pour opérer cette neutralisation, M. Bouloumié conseille d'immerger pendant quelques heures les bouchons dans une solution saturée d'un sel de fer (sulfate de fer, par exemple), et de les laver ensuite à plusieurs reprises dans de l'eau ordinaire. (*Ann. de la soc. d'hydrol. médic. de Paris, tom. I, p. 204.*

Un procédé simple et facile met à l'abri du troisième inconvénient. Il suffit d'avoir un bouchon percé de deux ouvertures et muni de deux tubes en caoutchouc. Le premier plonge jusqu'au fond de la bouteille et fait ainsi pénétrer l'eau de bas en haut ; le second, ascendant, est maintenu au-dessus du niveau de l'eau et donne passage à l'air qui s'échappe de la bouteille. Celle-ci étant remplie sans qu'il y ait eu rencontre de l'air et de l'eau, on retire le bouchon tubé et on le remplace par le bouchon ordinaire. Avec six petits appareils semblables, une seule personne pourrait remplir six bouteilles à la fois.

Les eaux peuvent être recueillies et conservées dans des bouteilles de verre ou de grès ; je préfère de beaucoup les premières pour des raisons à la fois hydrologiques et économiques. Dans les vases en grès le vernis n'est pas toujours exactement appliqué, ils se laissent pénétrer, et l'eau se décompose ; ensuite, ces sortes de bouteilles deviennent inutiles lorsqu'elles ne contiennent plus d'eau minérale : elles ne sont point admises dans les usages domestiques.

L'expérience a déjà démontré que les eaux de Sierck peuvent se conserver intactes pendant plus d'un an. [1]

1 M. Nicklès, pharmacien à Benfeld, qui a depuis quelques années un dépôt de ces eaux, n'a trouvé aucune différence entre une eau

Cependant, quelque procédé qu'on emploie, il est bien difficile, pour ne pas dire impossible, de s'opposer à toute précipitation dans une eau conservée. Le mieux est donc, assurément, de venir boire sur place, à Sierck comme partout où l'on boit des eaux minérales.

Bains. — Le degré thermométrique de l'eau à la source indique, évidemment, que pour être administrée en bains, elle a besoin d'être chauffée artificiellement. Il importe donc d'examiner : 1° si le chauffage peut être fait sans modifier les conditions chimiques du liquide, et 2° si le calorique ainsi obtenu jouit des mêmes propriétés que celui dont les eaux se chargent au sein de la terre.

1° L'eau chauffée dans un vase laisse dégager des gaz dès qu'elle atteint 33 à 34°. Ce dégagement augmente avec l'élévation de la température, mais il ne se forme de précipitation que vers 45°. M. Morris a établi ce fait pour l'eau de Mondorff, je l'ai reconnu pour celle de Sierck. A cette température, elle prend un aspect louche, et, chimiquement parlant, le liquide n'est plus, après cette opération, ce qu'il était avant. Il s'est appauvri en carbonates et en sels de fer. On peut donc éviter de chauffer l'eau jusqu'à 45°. Mais si l'on craint cependant encore une action chimique qui altère la composition du liquide, la science a des

récemment expédiée et une bouteille qui était depuis plus d'un an délaissée dans une armoire.

procédés qui mettent à l'abri de ce grave inconvénient, et parmi les nombreux établissements d'eau
minérale qui sont obligés de recourir au chauffage
artificiel, plusieurs sont pourvus d'appareils qui ont
reçu la sanction de l'expérience. Je n'insisterai point
sur l'application des procédés et sur la description
des appareils. Cette question appartient surtout aux
constructeurs et aux architectes, je dirai seulement
quelques mots sur les principes suivant lesquels ils
sont établis. L'eau minérale, renfermée dans un cy-
lindre métallique, est échauffée par un serpentin dans
lequel on fait circuler de la vapeur d'eau ordinaire
qui élève le liquide à la température voulue. Des
cylindres où l'eau n'a pas subi le contact de l'air,
elle est portée jusques dans les baignoires par des
conduits également clos. On peut encore, et cette
méthode me semble préférable, fixer un serpentin au
fond de chaque baignoire et l'eau est échauffée sur
place.

Mais, en vertu de leur puissante minéralisation,
nous avons déjà dit que ces eaux auront fréquemment
besoin d'être coupées pour l'usage des bains. Dans
ces cas, le procédé le plus simple serait de mélanger
l'eau minérale froide avec un quart, moitié, deux
tiers d'eau commune élevée à une température suffisante ; ces coupages n'ont d'autre effet que d'affaiblir
l'eau, et c'est précisément l'effet qu'on recherche.

Il faudrait donc adapter à chaque baignoire un

robinet d'eau minérale froide, un d'eau commune chaude et un de vapeur. Ce dernier serait destiné à réchauffer le bain, sans affaiblir sa minéralisation.

2° L'homme possède, dans ses organes, un foyer de chaleur dont l'action incessante entretient sa température propre à 37 ou 38°. Si ce calorique acquis n'avait aucun écoulement au dehors, la vie s'éteindrait bientôt sous l'énorme accumulation de chaleur qui en résulterait, grâce à la continuité d'action des appareils destinés à cette fonction. Mais le corps est bon conducteur du calorique, et l'économie succomberait encore si l'équilibre s'établissait entre sa température et celle du milieu ambiant, lorsque ce milieu est beaucoup plus froid ; les organes ne pourraient suffire à cette dépense excessive. Il faut donc que l'homme protège sa chaleur propre par une enceinte artificielle qui l'abrite contre les causes extérieures de déperdition, et s'oppose à cet épuisement. Tel est le but des vêtements, agents de protection, mauvais conducteurs du calorique, destinés à entretenir autour du corps une température telle que l'économie ne perde que l'excédant produit par son fonctionnement continu. Ses vêtements sont froids s'ils ne conservent à l'enveloppe cutanée une température de 30 à 32° ; ils sont trop chauds, s'ils déterminent une température voisine de 38° ou supérieure à ce chiffre.

Par conséquent, nos vêtements ne nous apportent point de calorique, ils n'ont d'autre mission que de modérer la perte que nous faisons naturellement de ce principe.

Un bain, considéré au point de vue de la thermalité, n'est autre chose qu'un vêtement accidentel, qui nous isole du milieu ambiant et nous soutire une proportion déterminée de calorique. Le bain, sauf des circonstances particulières, n'est donc pas destiné à nous fournir de la chaleur, et la température normale à laquelle nous les prenons, de 30 à 33°, correspond précisément à la limite d'équilibre que nous venons d'indiquer ; — c'est la température indifférente.

Ce fait reconnu, on peut en conclure qu'il est peu important que le calorique des eaux thermales jouisse, ou non, de propriétés spéciales, puisque cet agent n'est point destiné à pénétrer dans l'économie. Les bains, à ce point de vue, n'exercent qu'une action négative, ils soutirent plus ou moins de calorique, voilà tout.

Cependant, nous prenons aussi des bains à une température supérieure à celle de la limite d'équilibre, et puisque ces bains surchauffés trouvent leur application dans de nombreuses conditions pathologiques, il est important de rechercher comment, dans ces cas, se comporte le calorique.

Ici, bien loin que l'eau emprunte de la chaleur à l'économie, c'est elle qui lui en communique ; l'*élément* chaleur pénètre donc dans l'organisme, en raison de cette loi par laquelle deux corps voisins inégalement échauffés, tendent à se mettre en équilibre de température.

Longtemps on a pensé, et quelques personnes pensent encore que le calorique apporté par les eaux du sein de la terre, jouit de propriétés spéciales et n'influence pas l'organisme à la manière du calorique d'origine extérieure et que nous pouvons produire artificiellement. Ainsi, l'on a soutenu que les eaux thermales perdaient plus lentement leur température et s'élevaient plus lentement à l'ébullition que les eaux ordinaires ; qu'elles pouvaient être bues, sans causer ni brûlure ni sensation désagréable, à une température bien plus élevée que celles que nous avons chauffées ; qu'elles avaient la propriété de rafraîchir les fleurs fanées qu'on exposait à leur action. Les observations, de bonnes observations même, n'ont pas manqué à l'appui de ces assertions, et les auteurs qui les ont exprimées ne les ont données que comme résultats de l'expérience.

J'ai passé plusieurs années près de sources trop favorisées sous le rapport du calorique pour ne pas leur demander, aussi, de résoudre cette intéressante question [1]. J'ai donc renouvelé toutes les expériences qui avaient été faites, je les ai variées et multipliées

---

[1] Hammam-Meskhoutine, en Algérie, dont la température constante est de 95°.

en opérant dans des conditions irréprochables et
m'aidant d'instruments d'une précision parfaite, et
j'ai reconnu qu'à *minéralisation à peu près égale,*
les eaux froides, chauffées artificiellement, et les eaux
thermales prennent ou perdent des quantités égales
de calorique dans des temps égaux, que la sensation
de chaleur est la même, déterminée par les unes ou
par les autres, qu'on peut supporter l'ingestion à 60°
et même au-dessus d'un liquide quelconque, sans en
être ni brûlé, ni même désagréablement affecté [1], et
cependant c'est la température extrème, qu'on atteint
rarement, à laquelle sont bues les eaux minéro-ther-
males ; enfin chacun peut reconnaitre qu'en *sauçant*
et *resauçant,* comme le dit Madame de Sévigné, une
rose fanée dans de l'eau quelconque à 50° elle re-
prendra quelque fraicheur, pour la reperdre bientôt
après.

Mais les phénomènes relatifs à l'échauffement et
au refroidissement de l'eau ne suivent plus la même
marche, quand l'expérimentateur compare entr'elles
des eaux possédant une minéralisation différente, et
nous savons déjà que plus une eau renferme de principes solubles, et plus elle acquiert de capacité pour
le calorique ; elle arrive plus lentement à l'ébullition
et se refroidit aussi plus lentement. Ainsi les expé-

---

[1] C'est la température à laquelle nous prenons habituellement le
thé et autres boissons chaudes.

riences qui ont été faites à Bourbonne-les-Bains, eaux fortement minéralisées (7 $^{gr.}$ 65 par litre), ont pu donner des résultats différents de ceux que j'obtenais aux eaux salines faibles (1 $^{gr.}$ 52) d'Hammam-Meskhoutine; mais la nature du calorique n'entre pour rien dans ces différences.

On comprend toute l'importance de cette courte digression : si le calorique ne diffère point de nature, quelle que soit son origine, il importe peu que l'eau soit échauffée par l'art ou par les procédés de la nature. Nous avons donc les mêmes résultats à espérer . de nos bains, à température égale, que si cette température avait sa source dans les profondeurs de la terre.

Douches. — Les considérations précédentes s'appliquent également aux douches, qui peuvent être administrées à des températures variables, suivant les indications, froides, tièdes, chaudes, ou alternativement chaudes et froides (douches écossaises).

Les appareils à douches sont arrivés, en peu d'années, à un tel degré de perfection qu'il est plus avantageux d'avoir à créer qu'à restaurer, et la situation des sources de Sierk, adossées à une montagne, au bord de la rivière, permettrait de donner un grand développement à ce mode énergique de traitement. Les douches installées à l'hôpital militaire de Metz offriraient, dans le voisinage, un excellent modèle à imiter.

Vapeurs. — Les travaux de la société d'hydrologie médicale ont démontré que les vapeurs dégagées des eaux minérales ne sont point entièrement dépourvues de principes solubles, et que les eaux chlorurées, en particulier, laissent échapper des vapeurs imprégnées de particules salines. Dans mes expériences sur le degré d'ébullition de l'eau de Sierck, j'ai parfaitement reconnu que le thermomètre, plongé seulement dans la vapeur, se recouvrait bientôt d'une couche blanche de chlorure de sodium. Il est donc important, dans la création d'un établissement hydro-minéral, de songer à ce mode de traitement, qui a surtout de la valeur près des sources fortement chargées de matières solubles.

Pourquoi n'installerait-on pas un appareil *pulvérisateur* de l'eau? C'est seulement en portant ainsi le liquide minéral directement sur les bronches qu'on peut en espérer une action favorable dans certaines affections des voies respiratoires.

Enfin, est-il possible ou convenable d'utiliser les gaz qui s'échappent spontanément de la source? Jusqu'ici on ne s'est emparé, pour les besoins de la thérapeutique, que des gaz sulfureux et carbonique; le premier fait défaut dans les eaux de Sierck, et le second y est en proportions assez faibles pour qu'on ne doive guère songer à en tirer profit. Mais l'azote? Les manifestations chimiques de ce gaz sont toutes négatives et son action physiologique n'a pas, sans doute, plus de valeur. Mais c'est précisément à ses propriétés négatives qu'on pourrait, peut-être, s'adresser avec succès dans certaines constitutions où les voies respiratoires sont prédisposées à l'irritation, et dans plusieurs affections caractérisées de ces voies, où l'on va demander à l'atmosphère des montagnes un air plus rare et moins oxygéné. L'azote recueilli et mélangé à l'air serait donc une ressource qui pourrait trouver d'heureuses applications, et qu'on chercherait en vain près d'autres eaux minérales.

D'après le docteur Spengler, d'Ems, de récentes expériences, faites surtout à Lippspringe (Westphalie), établissent la valeur des inspirations de gaz azote contre certaines affections nerveuses des voies respiratoires.

MODE D'ACTION DES EAUX.

—

Les eaux minérales, quelle que soit leur nature, exercent sur l'organisme une action compliquée qu'elles doivent : à l'eau proprement dite, au calorique dont celle-ci est chargée, à la proportion et à la nature des principes qu'elle tient en solution.

Les propriétés générales de l'eau sont connues, et je n'ai point à m'en occuper ici, puisqu'elles sont communes à toutes les eaux, et que celles de Sierck ne sauraient prêter, sous ce rapport, à aucune considération qui leur fût propre; or, nous avons précisément à reconnaître en quoi ces eaux peuvent différer des autres, et les applications spéciales qu'on peut en faire.

Nous n'avons pas à nous étendre davantage sur les qualités que l'eau emprunte au calorique, puisque, ici encore, nous ne pourrions aborder que des généralités. Nous avons reconnu que le calorique est toujours identique à lui-même, quelle que soit son origine, quel que soit son mode de génération, et cela nous suffit. Quant à la minéralisation, c'est tout autre chose. Les eaux ne sont ce qu'elles sont que par l'abondance et la qualité des principes qui les minéralisent. Mais ici s'élève une question importante, — assez importante pour que la Société d'hydrologie médicale de Paris l'ait jugée digne d'une discussion sérieuse : l'action physiologico-thérapeutique des eaux minérales est-elle due à chacun des principes qu'elles tiennent en solution; en d'autres termes, l'existence de chacun d'eux peut-elle donner l'explication des actes organiques qu'elles déterminent, ou bien leur action n'est-elle qu'une résultante qui n'emprunte ses caractères à aucun des principes isolés, mais à leur combinaison et à leur mode d'agencement réciproque ?

Le vénérable doyen de l'hydrologie française assure

que l'action des eaux sur l'organisme résulte, non de leurs principes isolés, mais de leur aggrégation, de leur mode de combinaison ; que chaque substance, prise en particulier, jouit de propriétés qui ne sont plus représentées dans l'action générale ; que les parties n'ont aucune ressemblance avec l'ensemble. M. Durand Fardel, dont le nom fait justement autorité dans la matière, est moins exclusif, et bien qu'il reconnaisse parfois une action d'ensemble toute différente de l'action des principes isolés, il reconnaît aussi que les composants conservent leur activité propre qui n'est jamais modifiée ou affaiblie, mais presque toujours renforcée par les éléments secondaires qui accompagnent les principes dominants ou actifs. A dose égale, les agents médicamenteux dissous par la nature dans une eau minérale ont une action bien plus énergique que les mêmes agents dissous par nos procédés de laboratoire.

M. Cahen, au contraire, ne voit guère dans l'effet curatif des eaux que l'action des principes agissant par leur prédominance ou par l'énergie spéciale de quelques-uns d'entr'eux. [1] Malgré mon respect pour les jugements de M. Patissier, malgré le talent d'observation de M. Cahen, leurs arrêts me semblent bien absolus ; la vérité se trouve rarement dans les

1 Voir, à ce sujet, les lectures et discussions des séances du 2 et du 16 mars 1857. — *Ann. t. III, pages* 289 *et* 345.

opinions extrèmes, et s'il est vrai, d'une manière
générale, que les eaux exercent un effet total qui peut
différer de l'effet qu'on attendrait de chacun des
principes isolés, il est évident, aussi, que les principes
réellement actifs conservent, dans l'apport commun,
le mode d'action qui leur est propre. Ainsi, quelle
que soit la composition d'une eau minérale, si elle
contient de l'iode, vous vous empresserez de reconnaître qu'elle peut être employée avec succès partout
où la médication iodée a des chances de succès.
Autant en dirais-je des chlorures, des carbonates,
des sulfates, substances souvent prédominantes; du
brôme, du soufre, du fer, de l'arsenic, principes
essentiellement actifs. Leurs propriétés absolues ne
sont ni masquées, ni anéanties par les principes
concomitants; elles en reçoivent, au contraire, un
surcroît d'énergie.

Les eaux possèdent donc deux modes d'action résultant de leur minéralisation. Une action palpable,
prévue, indiquée, qui ressort de la prédominance de
certains éléments ou de l'existence de quelques principes actifs; une action empirique, que rien ne fait
prévoir, que l'expérience seule constate, et qui résulte du mode d'aggrégation entr'elles des diverses
substances minéralisatrices.

Ajoutons ici que la première de ces deux actions
est la plus certaine, la plus constante, la plus facile à
observer, précisément parcequ'elle est prévue et fixe

l'attention ; la seconde, au contraire, qui n'est appréciée que par une longue expérience, qui ne supporte pas le contrôle du jugement, est sujette à erreur et prête aux plus fausses interprétations. C'est elle qui fait, si souvent, accorder à certaines eaux des propriétés illusoires, que l'intérêt local fait naître, et qui disparaissent sous le souffle d'une expérimentation désintéressée.

Voyons donc ce que la thérapeutique peut attendre des principes contenus dans les eaux de Sierck.

Parmi les substances agissant en vertu de leur prédominance, nous ne voyons guère à citer que deux chlorures, celui de sodium et celui de calcium, et le sulfate de chaux.

Parmi les substances actives, nous signalerons le *brômure* et l'*iodure*, les *sels de fer* et de *manganèse*.

Tous les autres principes, en raison de leur faible proportion, seraient sans doute indifférents, s'ils étaient isolés, mais ils agissent réellement par leur ensemble, et si les eaux acquièrent des propriétés différentes de celles qui appartiennent aux chlorures, brômures, iodures, aux sulfates, au fer et au manganèse, chacune des substances que nous supposons indifférentes a sa part à revendiquer dans l'effet composé.

On connaît trop l'importance du chlorure de sodium dans l'alimentation de l'homme et des animaux

supérieurs, pour qu'il soit nécessaire de faire longuement ressortir les propriétés efficaces que ce principe
doit communiquer aux eaux qui en dissolvent de
notables proportions. Son action, essentiellement stimulante, s'exerce sur les glandes, sur les muqueuses,
sur la peau, partout, en un mot, où se trouvent des
organes de secrétion dont il augmente l'activité. Il
hâte la fonte des tumeurs indolentes, favorise les
digestions et devient même purgatif à dose élevée; il
régularise, par cette stimulation, l'exercice des fonctions cutanées et peut opérer d'heureuses révulsions
sur les grandes surfaces de rapport. Les propriétés
anti-septiques du chlorure de sodium ne trouvent-
elles point aussi d'utiles applications. dans certains
cas de toxicohemie? Le chlorure de calcium, non
moins *fondant* que le sel précédent, stimule cependant moins les sécrétions, et son action prolongée les
diminue au lieu de les augmenter. C'est ainsi qu'on
observe que certaines eaux chlorurées constipent,
après avoir déterminé un premier effet purgatif.

L'effet des chlorures sur le système lymphatique
est augmenté par la présence des bromures et des
iodures, dont l'action est analogue, mais beaucoup
plus énergique. Leur faible proportion ne permet
guère de les considérer que comme des auxiliaires.

L'action du sulfate de chaux dans l'économie a été
diversement appréciée. Les uns la considèrent comme
nuisible, d'autres comme indifférente, d'autres, enfin

comme favorable. Voyons si tous n'ont pas un peu raison. Si l'on reconnaît qu'une substance est nuisible, c'est qu'on lui reconnaît, implicitement, des propriétés actives : or, cette activité peut être utile ou défavorable, suivant les cas auxquels elle s'applique. Si l'action est stimulante, elle sera favorable dans les cas nombreux où le stimulant fait défaut ; est-elle hyposténisante, elle trouvera de nombreuses applications dans des cas opposés. Mais elle peut n'être ni l'une ni l'autre, et trouver, cependant, un emploi utile. Nos organes ont besoin de s'assimiler de la chaux et du soufre ; le sulfate de chaux peut donc pourvoir au remplacement de ces substances qui feraient défaut dans l'économie, et venir encore en aide à l'action des chlorures. Le sulfate de chaux ne pourrait être considéré comme substance indifférente que lorsqu'il est en faible proportion, et dans les cas où ses composants seraient inutiles à l'organisme comme matériaux de reconstitution.

Nous ne nous arrêterons point à l'action du fer ; c'est une des mieux connues et des plus acceptées de la thérapeutique, et quelque faible que soit la proportion de fer dans une eau minérale, son action est toujours appréciable ; il n'est point de préparations qui le soumette aux organes dans des conditions plus favorables à son assimilation.

On connaît peu l'action du manganèse, mais on la suppose analogue à celle du fer. — Nos organes contiennent de petites proportions de ce métal ; il peut donc, comme tous les composants de la matière animale, agir efficacement, en certains cas, par voie de reconstitution.

Je me suis suffisamment expliqué déjà sur l'influence et l'action des gaz.

Quant à l'effet total résultant de l'ensemble des principes minéralisateurs, il est, ainsi que je l'ai dit plus haut, difficile de le prévoir : l'expérience seule pourra nous le faire connaître. Cependant l'analogie de ces eaux, que nous établirons bientôt, avec d'autres eaux connues, pourra, jusqu'à un certain point, nous le faire présumer.

ACTION PHYSIOLOGIQUE.

Les eaux de Sierck sont purgatives, mais à un degré modéré ; à la dose de quatre à six verres on obtient quelques selles peu copieuses, assez éloignées les unes des autres et accompagnées de légères coliques de peu de durée. Cette action a été surtout indiquée par M. F. Maréchal, membre de la commission, qui a purgé, avec l'eau de Sierck, 9 hommes et 13 femmes. Chez une personne de ma connaissance qui fait un usage assez fréquent de cette eau, quatre verres déterminent une selle des plus abondantes, puis tout rentre dans l'ordre. Suivant M. Warin, l'action purgative est constante, mais elle est moins énergique que celle des eaux de Sedlitz, de Seidchutz et de Pulna. Selon le même médecin, administrée chaque jour à la dose de deux verres, cette eau facilite la digestion, donne de l'appétit, rend les selles faciles, et cela sans coliques. M. Saunois signale également l'augmentation de l'appétit.

Dans mes observations particulières sur l'action physiologique de ces eaux, j'ai noté un fait remarquable et constant, c'est un ralentissement très-notable de la circulation.

Enfin, M. Maréchal a observé chez un malade une éruption papuleuse, véritable urticaire, qui s'est présentée à deux reprises différentes et qui disparaissait chaque fois qu'on interrompait l'usage des eaux.

Leur action se porte donc sur les deux grandes surfaces de rapport.

Là se borne l'observation directe sur les effets physiologiques dûs à l'action des eaux de Sierck; mais il est aisé d'en conclure que ces eaux doivent essentiellement favoriser les actes nutritifs, par l'augmentation de l'appétit, la facilité des digestions, l'évacuation plus complète des matières excrémentitielles. Le ralentissement de la circulation le prouve directement : le sang plus animalisé, plus *nourri*, apportant aux organes une plus grande somme de matériaux alibiles, a moins souvent à parcourir son cercle pour leur fournir une somme égale d'éléments réparateurs. Aussi, je crois fermement que la propriété purgative de ces eaux est peu importante et doit, en général, plutôt être évitée par de faibles doses que provoquées par des doses considérables. C'est à leur faculté d'assimilation, à leur excitement, à leur tonicité, qu'il faut surtout faire appel.

Lorsqu'un malade boit à distance l'eau de Sierck, et que l'utilité d'une purgation est reconnue, je crois qu'il est plus avantageux d'user d'un des purgatifs qui ont cours dans la matière médicale, que de porter cette eau à dose purgative. Dans les cas les plus fréquents deux verres chaque matin me semblent une dose suffisante, en la continuant jusqu'à la cessation des accidents ou jusqu'à ce qu'il se manifeste des phénomènes de saturation. La faculté d'assimilation par l'organisme est limitée, et tout ce qui dépasse cette faculté tend à le surcharger et n'est plus qu'une matière excrémentitielle. Je n'établis donc aucune différence à l'avantage de Mondorff de sa minéralisation un peu supérieure à la nôtre, ou de la minéralisation beaucoup plus riche de quelques eaux d'Allemagne. Ingérez, chaque jour 6 gr. ou 10 gr. de principes solubles, l'économie n'en prendra que ce dont elle a besoin et rejettera le surplus, à moins que l'accumulation localisée de cet excèdent ne vienne provoquer des congestions viscérales.

Nous avons reconnu que les eaux de Sierck et de Mondorff sont identiques quant à leur origine, leurs attributs physiques et leurs propriétés chimiques. Tout semble donc nous indiquer qu'elles doivent également déterminer sur l'homme des résultats identiques : les résultats qu'une expérience de plusieurs années a permis de constater aux eaux Luxembourgeoises, seront donc également constatés à leurs congénères de France, lorsqu'elles auront été soumises à une expérimentation plus complète. Or, nous lisons dans la notice de M. le Dr Schmitt [1] : « L'ensemble des fonctions de l'économie présente une activité toute particulière qui se fait sentir surtout vers les organes digestifs et leurs annexes, et vers la peau : augmentation de l'appétit, digestion plus facile et plus prompte, assimilation plus complète, selles plus régulières ; dans la plupart des cas, urines plus abondantes, amélioration de la nutrition, accroissement des forces et sentiment général de bien-être. » — Faisons observer que les eaux de Sierck n'ont jamais été administrées en bains, n'ont jamais été bues à la source, et M. Schmitt signale surtout les effets physiologiques déterminés par les bains et l'eau ingérée sur place.

Mais il est des eaux qui, sans être identiques à celles-ci, offrent avec elles une si grande analogie,

1 Loco citato, p. 56.

que nous ne saurions, à priori, nous refuser à croire
que les effets observés près des unes et des autres
ne doivent avoir une grande ressemblance.

Ainsi, Kreutznach possède, par litre, 12 $^{gr\cdot}$ 18 de
matières solubles, dont 9 $^{gr\cdot}$ 47 de chlorure de sodium. Or voici, d'après M. le Dr Prieger, les effets
physiologiques qu'on observe près de ces eaux : « au
bout de quelques jours, il survient des maux de tête,
de l'agitation, de l'insomnie et un sentiment de cour-
bature générale. Les yeux sont rouges et larmoyants ;
le nez et l'arrière-gorge se prennent, comme dans le
coryza ; la langue est saburrale, la soif assez vive,
l'appétit nul. Toutes les sécrétions paraissent modi-
fiées. La salive devient plus visqueuse, une bile âcre
.et filante s'échappe par le vomissement, et les urines
déposent un sédiment épais. En même temps, les
tumeurs et les ulcérations, qui sont le produit de
l'affection scrofuleuse, offrent les caractères d'une
vive stimulation. La peau elle-même ne tarde pas à
s'affecter ; des éruptions paraissent sur divers points
de sa surface, principalement à la partie postérieure
du tronc, et elles présentent les aspects les plus
variés. Ce sont, le plus souvent, des colorations dif-
fuses, des rougeurs vagues, ou de petites vésicules
semblables à des boutons de miliaire ; quelquefois
aussi des pustules ou même de véritables furoncles ;
dans certains points vous diriez des taches ecchymotiques. Il semble que l'organisme tout entier, pénétré

— 84 —

des éléments curatifs des eaux, s'efforce d'éliminer au dehors les principes morbides qui vicient la constitution. [1] »

Les eaux de Hombourg, qui renferment 10^{gr}·31 de chlorure de sodium sur 16^{gr}·98 de minéralisation totale « prises le matin à la dose de un à deux verres, activent les sécrétions, donnent du ton aux vaisseaux, plus d'énergie aux glandes, et, sous l'influence d'évacuations alvines modérément répétées, elles rendent, par une heureuse réaction, l'esprit plus facile et la tête plus libre. [2] »

Les eaux de Nauheim montrent, avec celles qui nous occupent, une assez grande analogie de composition, mais comme elles contiennent, en outre, une proportion considérable d'acide carbonique, elles pourraient bien offrir de notables différences dans leurs effets physiologiques, et c'est ce qui paraît ressortir des expériences auxquelles s'est soumis M. le docteur Rotureau. [3] »

---

1 C. James. *Guide aux eaux minérales, 4e édition, p.* 236.
2 Ibidem, p. 265.
3 Etudes sur les eaux minérales de Nauheim, 1856, page 54.

ACTION THÉRAPEUTIQUE.

—

Nous venons d'établir que les eaux minérales opèrent leur action curative en vertu de trois conditions, le calorique, l'eau et les agents minéralisateurs. Mais, dans le plus grand nombre des cas, ces trois conditions ne sauraient être séparées, et l'emploi isolé de l'une d'elles rétrécirait singulièrement le champ des applications thérapeutiques de l'eau minérale. Ainsi, le calorique dilate les tissus, les rend plus perméables et favorise la pénétration, dans l'économie, des agents auxquels l'eau sert de véhicule. En étudiant les effets des eaux minérales, il faut donc presque toujours tenir compte de l'effet général, et non de celui qu'on serait tenté d'attribuer à l'une des trois conditions isolées.

Cependant, il est des maladies qui sont guéries par l'application seule ou la soustraction du calorique, qui peut exercer, d'après sa quantité, une action stimulante ou hyposténisante, suivant qu'il élève ou abaisse la température propre des organes ; il en est d'autres dans lesquelles on peut recommander l'eau, fût-elle la plus pure ; il en est enfin, nombreuses aussi, où les agents médicamenteux dissous dans l'eau peuvent déterminer une action importante, indépendamment de la nature du véhicule à l'aide duquel ils pénètrent dans l'économie, et indépendamment de leur température. C'est ainsi qu'agissent les eaux minérales froides, et la plupart des eaux thermales transportées.

D'autre part, on peut poser en principe la proposition suivante : — Lorsqu'un médecin dirige une méthode thérapeutique contre une maladie chronique, il se propose toujours l'un des résultats suivants, qu'il agisse d'une manière empirique ou rationelle :

1° Assimilation, par l'économie, de matériaux de réparation apportés par l'agent médicamenteux.

2° Expulsion ou entraînement de matériaux inassimilables engagés dans l'organisme, et sécrétés par lui ou venus du dehors.

3° Reconstitution des éléments organiques déviés ou altérés par leur contact avec un agent morbide ou toxique.

4° Action dynamique, stimulante ou dépressive.

5° Enfin, révulsion opérée de l'organe malade sur une surface saine.

Les maladies chroniques peuvent donc être traitées et guéries par un de ces différents modes, qu'on peut formuler ainsi : *assimilation, entraînement, reconstitution, dynamisme, révulsion.* [1]

---

1 J'ai longuement discuté cette question dans mes études sur les eaux thermo-minérales de Bourbon-l'Archambault.

Tel est le secret de l'action des eaux minérales dans des maladies chroniques si nombreuses et si variées, puisque les eaux, par leur calorique, par leur liquide, par leurs agents minéralisateurs, peuvent répondre à toutes les exigences thérapeutiques de cette grande classe de maladies.

Les différences d'action des diverses eaux ne résultent que de la proportion et de la nature des principes minéralisateurs et de ce *quid ignotum* que l'expérience seule peut nous indiquer. Le calorique ne saurait établir aucune distinction entr'elles, puisque, dans toutes, on peut, à volonté, l'élever ou l'abaisser.

Dans les applications de la médecine hydro-minérale, la considération du tempérament et de la constitution est, peut-être, plus importante encore que celle de la maladie, et nous ne ferons qu'exprimer un fait connu de chacun en disant que les eaux fortement minéralisées ne conviennent point aux tempéraments sanguins, prédisposés aux accidents congestifs ; qu'il faut les administrer avec prudence, toujours à faibles doses, aux sujets nerveux et irritables ; qu'on doit, enfin, élever progressivement les doses chez les sujets affaiblis par de longues souffrances, au fur et à mesure que l'économie se relève. Mais les eaux chlorurées sodiques se recommandent principalement aux tempéraments lymphatiques, aux constitutions molles, et elles exercent, dans de certaines limites, une action correspondante à leur degré de minéralisation. Or, les eaux de Sierck sont les plus minéralisées de France ; elles paraissent donc appelées à jouer un rôle important dans toutes les affections qui découlent de ce tempérament ; l'expérience a déjà démontré qu'elles jouissent d'une remarquable énergie dans les différentes formes de la diathèse scrofuleuse.

Donnons une indication sommaire des maladies contre lesquelles leur emploi doit être surtout réclamé, en nous aidant de l'expérience directe, de l'identité des eaux de Sierck et Mondorff, et de l'analogie que nous lui connaissons avec quelques eaux de l'Allemagne.

Scrofules. — Il y a, dans la diathèse scrofuleuse, tout à la fois élimination à provoquer, reconstitution et assimilation à opérer, état des forces à relever. Cette affligeante diathèse est donc, si j'ose m'exprimer ainsi, le triomphe des eaux chlorurées sodiques, et je doute qu'aucune station thermale puisse, sous ce rapport, l'emporter sur Sierck.

Les membres de la commission de 1853 ont spécialement concentré leur attention sur ces tristes manifestations morbides, et, entre les mains de MM. Fél. Maréchal, Warin, Saunois, on a pu constater de remarquables résultats.

Citons quelques exemples empruntés au rapport.

M. Maréchal a employé cette eau dans plusieurs cas d'adénite scrofuleuse, et il a remarqué que les accidents, si rebelles à l'huile de foie de morue, s'amendaient d'une manière plus rapide et plus certaine sous l'influence de l'eau de Sierck. Une jeune fille de 21 ans, qui portait au cou un chapelet de ganglions indurés, était à l'hôpital pour se faire soigner de cette maladie et d'accidents consécutifs à une suppression des règles occasionnée par un bain froid pris intempestivement. Après 27 jours de traitement, les régles reparurent et avec leur retour coïncida une résolution rapide et complète des ganglions.

Une femme de 56 ans entra à l'hôpital pour un ganglion douloureux qui s'était développé sous l'aisselle, à la suite d'un effort, et qui avait rapidement acquis le volume d'une noix. Un bain dissipa la douleur de l'aisselle, et M. Maréchal soumit cette femme à l'usage de l'eau minérale. En moins de 10 jours, le ganglion disparut. Mais, chose remarquable, cette femme qui, longtemps avant son entrée à l'hôpital, avait reçu un coup sur le sein, et avait conservé une induration de la glande mammaire à laquelle elle attachait peu d'importance, vit le sein diminuer et sa glande redevenir mobile dans la seconde semaine du traitement. Au bout de 26 jours, la patience lui manqua, elle sortit de l'hôpital le sein manifestement amélioré, mais conservant encore une induration assez prononcée, que l'usage plus longtemps continué de l'eau de Sierck aurait peut-être fait disparaître.

Pendant six semaines, deux jeunes filles, atteintes d'ophthalmie scrofuleuse, l'une âgée de 8 ans, l'autre de 12, furent soumises, par le même praticien, à l'action de l'eau de Sierck, à la dose d'un verre matin et soir. Après les trois premières semaines, on laissa quelques jours de repos aux jeunes malades, qui avaient retiré une amélioration notable de ce traitement. La photophobie avait disparu, les paupières commençaient à se dégorger, et le flux palpébral avait diminué. Le traitement fut continué pendant trois autres semaines, mais les malades n'en tirèrent plus d'avantages marqués, malgré l'augmentation de la dose. Le calomel, administré à doses fractionnées, termina cette double cure.

Ces deux observations offrent un haut intérêt, parce qu'elles démontrent qu'il arrive un instant où l'économie, saturée des principes médicamenteux de l'eau, ne se les assimile plus, quelle que soit la dose employée, et consacrent, par conséquent, l'inutilité des doses élevées. — Elles font voir, en même temps, l'importance de certains traitements accessoires, qui rendent aux médicaments leur action en désobstruant, en quelque sorte, l'économie qui en est surchargée.

Une jeune fille de sept ans et demi, d'une constitution strumeuse très-prononcée, portait à la région cervicale droite, un chapelet de ganglions dont quelques-uns avaient atteint la grosseur d'une petite noix. Quelques plaques assez considérables de favus occupaient la partie gauche du cuir chevelu. L'enfant fut mis, le 12 août, par M. Saunois, à l'usage de l'eau de Sierck, à la dose de deux verres chaque matin. Le 21 octobre elle avait bu 12 cruchons. Sous l'influence de cette eau l'appétit prit un développement inaccoutumé; toutes les fonctions s'accomplirent également bien. Les ganglions du cou disparurent complètement, mais les plaques de favus restèrent à peu près ce qu'elles étaient au début de l'emploi de l'eau de Sierck.

M. Rudolphi, médecin d'une filature à Benfeld (Bas-Rhin), où l'affection scrofuleuse est dominante, fait, depuis deux ans, usage de l'eau de Sierck et obtient de remarquables succès.

M. Warin a formulé les propositions suivantes, résultant de ses expériences personnelles :

1° Sous l'influence de l'eau de Sierck, prise en boisson, les ulcères scrofuleux se sont cicatrisés promptement.

2° Sous la même influence la résolution des engorgements ganglionnaires a été assez active.

3° Presque toujours l'état des scrofuleux s'est amélioré d'une manière notable par l'usage persévérant de ces eaux.

4° La menstruation, souvent difficile chez les filles scrofuleuses, a été quelquefois heureusement modifiée.

Mon ami le docteur Dieu emploie, depuis qu'il les connaît, ces eaux contre toutes les formes du lymphatisme, et constate chaque jour des guérisons qu'on aurait, en vain, demandées à d'autres agents thérapeutiques. Il considère ces manifestations morbides comme formant le domaine exclusif de ces eaux, et ne voudrait point qu'on cherchât à étendre au-delà leurs attributions.

M. le docteur Schmitt établit, ainsi qu'il suit, les résultats qu'il a observés à Mondorff dans les maladies scrofuleuses :

Cas, 55. — Guérisons, 6. — Améliorations, 24. — Effet nul, 3. — Effet inconnu, 2.

Nous avons signalé quelques sources d'Allemagne comme spécialement applicables au traitement des scrofules. Voici ce que dit M. Durand-Fardel à ce sujet: « Kreutznach et Nauheim se présentent d'abord à nous sur la même ligne; au moins nous paraît-il difficile d'établir entre ces deux stations thermales quelque différence au point de vue qui nous occupe (la scrofule).... Auprès d'elles, cependant, nous pouvons mentionner Hombourg, Soden, Kissingen, Wildegg, etc. »

L'expérience a justifié de la puissance de ces diverses eaux contre la scrofule; l'analogie de composition les range auprès des eaux de Sierck. Celles-ci peuvent donc nous affranchir du tribut que l'affection scrofuleuse nous impose à l'étranger.

Non seulement les eaux chlorurées sodiques fortes, celles de Sierck en particulier, sont recommandées contre la diathèse scrofuleuse, en général, mais il n'est pas une des formes sous lesquelles elle se manifeste qui ne puisse obtenir de bons effets de cette médication ; dans ce cas sont les ulcères, les trajets fistuleux, les caries osseuses, les engorgements articulaires. (Le traitement interne serait puissamment aidé par des applications topiques et des injections d'eau minérale dans les trajets). L'expérience directe a déjà prononcé pour Sierck, et l'analogie avec les eaux congénères contribue encore à démontrer les heureux effets qu'on peut en attendre dans ces manifestations morbides si variées.

La durée du traitement de la scrofule ne peut être déterminée à l'avance ; elle est subordonnée aux formes de la maladie et aux conditions individuelles, mais elle est toujours longue et demande de la persistance. Il est souvent indispensable de suspendre la cure pour la reprendre ensuite.

Le *carreau* peut être considéré comme une dépendance de la diathèse scrofuleuse. Une petite fille de 8 ans, affectée de carreau depuis dix mois, fréquemment atteinte de lientérie, fut soumise par M. Maréchal à un demi-verre d'eau de Sierck matin et soir. Après deux mois de traitement le ventre était encore volumineux, mais on ne sentait plus les ganglions mésentériques, les fonctions digestives étaient rétablies et l'enfant reprenait de l'embonpoint.

Scorbut. — Dans la mémorable campagne de

Crimée, le scorbut a fait de tels ravages sur notre armée, qu'on a pu appliquer, aux suites de cette redoutable affection, les traitements les plus variés, qui sont, avouons-le, trop souvent restés inefficaces. C'est à l'usage des eaux chlorurées sodiques qu'on a dû les plus beaux résultats. — Balaruc, Bourbonne, Bourbon-l'Archambault en font foi. Nul doute pour nous que des effets plus remarquables encore eussent été obtenus par les eaux de Sierck, si cette station eût été indiquée et exploitée. Nous ne connaissons qu'un cas de cette affection, rare de nos jours, où l'on ait utilisé ces eaux. Une femme de 36 ans, affectée d'ozène et de gengivite scorbutique, fut soumise à leur usage par M. Maréchal. Au bout de quelques semaines, la gengivite avait disparu, l'ozène ne céda que plus tard. Il fallut ajouter à l'usage interne de l'eau minérale des inspirations, répétées trois fois par jour, de cette eau mise dans le creux de la main.

Les eaux qui nous occupent jouiraient, évidemment, de la propriété de dissoudre et d'entrainer au-dehors les concrétions ecchymotiques qui sont une des manifestations les plus graves du scorbut, et rendraient au sang les conditions indispensables au libre exercice de la vie. Le mode de curation des eaux dans le scorbut diffère donc peu de celui que nous avons signalé dans la scrofule ; nous pouvons ajouter qu'il diffère peu dans toutes les affections diathésiques.

Rhumatisme. — Lorsque l'affection est légère et localisée, nous pensons que les eaux de Sierck ne sont point indiquées ; il y a mieux à faire. Mais lorsque la maladie est généralisée et constitue une véritable diathèse, ces eaux ne pourraient-elles exercer une action favorable sur l'état général, et opérer à la fois par voie d'entraînement et de reconstitution ? L'expérience directe ne nous a rien appris encore ; c'est donc une question à étudier. Le rhumatisme se montre si souvent rebelle aux médications les mieux appropriées, qu'il se présente à chaque instant, dans la pratique, des cas où le médecin doit saisir avec empressement toute médication nouvelle qui lui offre une chance de succès. C'est dans ces conditions là que je recommande l'emploi des eaux de Sierck, tout en reconnaissant qu'elles peuvent n'avoir qu'une valeur douteuse.

Goutte. — Il semble assez démontré aujourd'hui que les eaux alcalines, parfois si puissantes contre la goutte, n'opèrent point en vertu d'une action chimique, mais de la stimulation qu'elles impriment à l'économie et de l'élimination qu'elles provoquent. Certaines eaux chlorurées sodiques ont aussi de beaux résultats à revendiquer. Nos eaux, essentiellement stimulantes, exerceraient, évidemment, une semblable action, et seraient, peut-être, utilement appliquées à certains cas de goutte. Je dois me borner à cette simple indication, tout en admettant encore que bien d'autres médications devraient être tentées avant de recourir à celle-ci.

Arthropathies. — Deux cas d'arthropathie chronique ont permis à M. Maréchal d'apprécier les vertus salutaires de l'eau de Sierck. C'est d'abord une domestique âgée de 28 ans, grande, forte, à tempérament lymphatique prononcé, qui, depuis dix mois, était atteinte d'une tumeur blanche spontanée, rebelle à tout traitement. Elle prit pendant trois mois deux verres d'eau de Sierck, avec une constance interrompue seulement par l'époque menstruelle. Le gonflement des surfaces articulaires se dissipa totalement, il ne resta plus qu'une ankylose imparfaite et une légère déviation de la rotule. L'autre cas se rapporte à une jeune fille de 22 ans qui, à la suite d'une arthrite traumatique, énergiquement traitée au début par les sangsues, les vésicatoires volants et les frictions mercurielles, avait conservé un gonflement indolent de l'articulation du genou avec claudication; après vingt-quatre jours de traitement, cette fille sortit de l'hôpital parfaitement rétablie.

Affections gastro-intestinales. — Nous considérons les eaux de Sierck comme parfaitement indiquées dans toutes les affections qui ont pour origine une perversion des secrétions de l'appareil digestif, ou causées par une atonie des diverses portions de ce système. Le développement de l'appétit qui suit leur ingestion, et leur action manifeste sur le système glandulaire répondent suffisamment de la valeur de nos convictions à cet égard. Elles sont donc applicables à de nombreuses formes de dispepsie, qu'n importe de ne pas confondre avec la gastralgie.

Les diarrhées chroniques, avec ou sans ulcérations, rentrent manifestement dans leur domaine. Elles peuvent également convenir dans certains cas de constipation opiniâtre. Dans le premier cas, elles modifient une sécrétion vicieuse ; dans le second, elles ramèneraient une sécrétion supprimée.

J'aurais conseillé leur emploi dans les *engorgements de l'abdomen consécutifs à l'intoxication palustre*. Cependant M. Maréchal les a administrées sans succès à deux malades atteints d'*hypersplenotrophie* consécutive aux fièvres intermittentes d'Algérie, ainsi qu'à un homme atteint d'*hépatite subaigue*. Chez ce dernier, même, il fallut interrompre l'administration de l'eau minérale, qui n'était pas supportée et qui menaçait d'exagérer l'affection gastro-hépatique. Mais nous ne saurions considérer ces insuccès comme proscrivant d'une manière définitive la médication dont nous cherchons à établir la valeur, et nous appelons d'autres essais qui semblent justifiés par les résultats annoncés à Mondorff. « *Engorgement du foie, pléthore abdominale, dispositions aux hémorroïdes*, 15 cas. Sept améliorations ont été observées ; nous ne connaissons pas les résultats chez six malades. »

Fièvres intermittentes. — La composition de ces eaux semble devoir les recommander dans les accidents primitifs de l'intoxication palustre, dans les fièvres intermittentes. C'est à l'expérience à prononcer.

Affections cutanées. — Dans un cas de *pemphigus* remontant à plus de trois ans, occupant le creux axillaire et une partie du dos, chez un sujet faible et chétif, j'ai obtenu un résultat inespéré par l'usage de ces eaux à la dose de deux verres par jour pendant deux mois. L'amélioration a été rapide, et la guérison s'est complétée par l'application de décoction de feuilles de noyer.

Ce traitement hydro-minéral a été administré par les membres de la commission à plusieurs individus de l'un et de l'autre sexe, atteints de *dartres squameuses*, *exzéma*, *mentagre*. Chez tous on nota, dans les premières semaines, une amélioration prononcée, mais il fallut, pour achever la cure, recourir aux bains alcalins et sulfureux. On aurait eu des résultats plus complets par l'administration des eaux *intùs et extrà*.

Ces faits nous démontrent encore, ce que nous avons établi plus haut, qu'il arrive une époque de saturation après laquelle les eaux restent sans influence. Il faut alors terminer, par des médications appropriées, la cure commencée par les eaux.

Les eaux sulfureuses seront toujours plus indiquées dans les affections cutanées que les eaux chlorurées sodiques ; cependant celles-ci doivent l'emporter de beaucoup dans les cas nombreux où ces affections ne sont que symptòmatiques et sont nées sous l'influence d'un état diathésique, d'un lymphatisme exagéré, ou d'une altération fonctionnelle des voies digestives. M. Maréchal a guéri, en moins de six semaines, par l'usage de ces eaux, une lavandière âgée de 53 ans, qui portait depuis trois mois, à la jambe, un ulcère étendu compliqué d'exzéma.

Irrégularités de la menstruation. — M. Dieu en rapporte trois observations qui lui sont propres. Ce sont trois jeunes filles âgées, l'une de 14 ans, l'autre de 15, la dernière de 17, chez lesquelles le flux menstruel se montrait irrégulièrement et était, chaque fois, accompagné de coliques utérines excessivement douloureuses. Toutes avaient un tempérament lymphatico-sanguin très-prononcé, et elles avaient inutilement suivi pendant longtemps un traitement par les préparations martiales. L'usage de l'eau de Sierck, continué pendant deux mois à la dose de deux verres chaque matin, eut pour effet de régulariser les époques menstruelles et de faire cesser complètement les douleurs qui les accompagnaient.

Ces trois observations, rapprochées de celles de M. Maréchal et de celles de M. Warin, tendent à prouver que ces eaux minérales pourront avoir de l'efficacité dans le traitement des irrégularités de la menstruation liées à un état chlorotique ou strumeux. (Rapport, page 92.)

Ajoutons que ces eaux nous semblent essentiellement indiquées contre la *chlorose* et *l'anémie*, et qu'elles ne régularisent la fonction cataméniale qu'en s'adressant à l'état général des malades.

Affections nerveuses. — Les eaux de Sierck peuvent, assurément, trouver d'utiles applications dans certaines affections nerveuses de l'ordre des *névroses*. Mais, sur ce sujet, l'expérience est entièrement muette, et l'analogie ne nous apprend rien. Ici encore j'en appelle à l'expérimentation, et les praticiens pourront recourir à ces eaux dans certains cas où toute autre médication a échoué. Je recommande, toutefois, une grande réserve dans les doses, et la suspension du traitement dès l'apparition d'accidents, quoiqu'une légère aggravation momentanée soit souvent, dans l'usage des eaux minérales, le précurseur d'une amélioration prochaine.

Enfin, ces eaux nous paraissent indiquées, au même titre, que celles de Bourbon-l'Archambault, dans les accidents consécutifs à l'*hémorragie cérébrale*. Elles peuvent, par une excitation bienfaisante, provoquer l'élimination du sang épanché, et rappeler le mouvement dans les membres paralysés. — Nous croyons pour ces eaux, comme pour celles de Bourbonne et de Bourbon, qu'il y aurait avantage à les employer, avec les précautions convenables, à l'époque la plus rapprochée de l'attaque, doctrine que j'ai cherché à faire prévaloir dans un travail déjà cité.

Je suis peut-être loin d'avoir passé en revue toute la série des affections chroniques auxquelles les eaux de Sierck pourraient profiter. Mais je ne puis, davantage, devancer les données de l'expérience, et la sagacité du médecin lui fournira maintes indications qui ne pouvaient figurer dans ce travail auquel l'avenir réserve, sans aucun doute, de nombreuses modifications.

EXAMEN ÉCONOMIQUE DE LA QUESTION ET CONCLUSION.

Nous avons, jusqu'ici, cherché à établir que les sources de Sierck pourraient être utilisées par la création d'un établissement balnéaire, et que de nombreux malades, grâce à la puissance des eaux et aux magnifiques conditions hygiéniques qu'ils rencontreraient dans cette localité privilégiée, pourraient, avec succès, y venir chercher la santé. Mais il faut, avant de terminer, aborder la question à un autre point de vue, non moins important, non moins réel, — au point de vue économique. A une faible distance de Sierck s'élève un établissement thermo-minéral créé par une compagnie puissante, et patroné par un gouvernement. Ses eaux sont semblables à celles de Sierck, elles n'ont donc pas une moindre valeur thérapeutique, et une expérience de dix ans a constaté leur efficacité dans de nombreux états morbides. Si les deux établissements étaient à créer, toutes les chances, je n'en doute pas, seraient en faveur de Sierck, qui l'emporte sur Mondorff par la beauté du site et la richesse des environs, par les ressources que présente un centre de population plus important, par la facilité des communications, par la proximité de grandes villes. Mais Mondorff est tout fait, et l'on tend chaque jour à y réaliser les améliorations reconnues nécessaires. Or, nous n'aurons à Sierck, nous devons le reconnaître, des malades qu'au détriment de Mondorff; il faut donc établir une concurrence, entrer en lutte; mais pour lutter avec avantage il faut atteindre ou dépasser, de plein pied, à prix d'argent et sans espérer aucun patronage de l'Etat, le point d'installation auquel nos voisins sont arrivés après dix années de travaux. Cependant, Mondorff végète plutôt qu'il ne vit, les quatre mille bains qu'il administre par saison couvrent à peine ses frais, et si Sierck parvenait à lui enlever une partie de sa clientèle, Mondorff tomberait. Mais alors, outre ce qu'il y a de grave, d'injuste en quelque sorte dans une pareille concurrence, qu'en résulterait-il pour Sierck? C'est qu'il aurait ruiné son rival pour courir lui-même à sa perte, et qu'il s'écroulerait avant d'avoir pu arriver même à la hauteur à laquelle Mondorff est parvenu aujourd'hui. Il y a, pour bien des gens, une grande force dans la vogue et dans l'habitude; or, la vogue attire déjà vers Mondorff, et l'habitude y ramène, tous les ans, un certain nombre de visiteurs. Veut-on admettre que la vogue, à son tour, pourrait s'attacher à Sierck? Je le veux bien, et cette gracieuse localité est bien digne de telles faveurs; mais la vogue ne s'improvise pas, elle est l'enfant du temps et de l'expérience, et avant d'avoir cette double sanction que de fortunes ne pourraient s'engloutir dans ces ondes méconnues. — Je ne saurais donc, dans l'intérêt bien entendu du propriétaire, l'engager à créer à Sierck un établissement balnéaire dont les chances malheureuses me semblent l'emporter de beaucoup sur les chances favorables, et si j'ai longuement établi les conditions dans lesquelles pourrait s'élever un pareil établissement, c'est pour donner une étude complète de la question et fixer ce qu'il serait possible de faire, dans le cas où une compagnie riche voudrait se hasarder dans cette voie. D'ailleurs, ce qui me semblerait imprudent aujourd'hui peut être réalisable plus tard, lorsque ces eaux auront marqué leur place dans l'hydrologie française.

En résulte-t-il qu'on doive renoncer à utiliser, dès à présent, ces sources bienfaisantes qui n'ont point d'égales en France? Assurément non. Elles agissent avec plus d'énergie en boisson qu'en bains, et quelques verres d'eau introduisent dans l'économie plus de principes actifs que ne le ferait un bain. On peut plus aisément graduer les doses, les proportionner aux susceptibilités individuelles, s'arrêter dès que la saturation se manifeste. Si l'on ne veut, dans le bain, utiliser que l'eau et le calorique, on peut en prendre partout ; si l'on veut, à son aide, faciliter la pénétration dans l'organisme des principes que l'eau tient en solution, cette pénétration sera toujours plus facile lorsqu'ils sont mis en contact direct avec la surface digestive. Que M. Renault, propriétaire intelligent s'il en fût, se contente donc d'embouteiller ses eaux par les procédés que j'ai conseillés, et je ne doute pas que, lorsque la publicité et de beaux résultats bien connus auront appelé sur elles l'attention, elles ne le récompensent amplement de ses sacrifices. Enfin si les malades ne craignent point un déplacement, qu'ils viennent boire les eaux à la source même, ils leur trouveront, sur place, des propriétés bien plus énergiques, et jouiront des inappréciables avantages qu'offre à l'hygiène le site de Sierck, si pittoresque et si pur.

FIN.

TABLE DES MATIÈRES.

FIN DE LA TABLE.

www.ingramcontent.com/pod-product-compliance
Ingram Content Group UK Ltd.
Pitfield, Milton Keynes, MK11 3LW, UK
UKHW022100070726
13613UKWH00002B/881